国家高端智库
NATIONAL HIGH-END THINK TANK

上海社会科学院重要学术成果丛书·专著

中/国/式/现/代/化/系/列

城市韧性的理论与实证研究

Theoretical and Empirical Studies on Urban Resilience

刘志敏 / 著

上海人民出版社

本书出版受到上海社会科学院重要学术成果出版资助项目的资助

编审委员会

主　编　权　衡　王德忠

副主编　朱国宏　王　振　干春晖

委　员　（按姓氏笔画顺序）

王　健　成素梅　刘　杰　杜文俊　李宏利

李　骏　沈开艳　沈桂龙　张雪魁　周冯琦

周海旺　郑崇选　赵蓓文　姚建龙　晏可佳

郭长刚　黄凯锋

总　序

当今世界，百年变局和世纪疫情交织叠加，新一轮科技革命和产业变革正以前所未有的速度、强度和深度重塑全球格局，更新人类的思想观念和知识系统。当下，我们正经历着中国历史上最为广泛而深刻的社会变革，也正在进行着人类历史上最为宏大而独特的实践创新。历史表明，社会大变革时代一定是哲学社会科学大发展的时代。

上海社会科学院作为首批国家高端智库建设试点单位，始终坚持以习近平新时代中国特色社会主义思想为指导，围绕服务国家和上海发展、服务构建中国特色哲学社会科学，顺应大势，守正创新，大力推进学科发展与智库建设深度融合。在庆祝中国共产党百年华诞之际，上海社科院实施重要学术成果出版资助计划，推出"上海社会科学院重要学术成果丛书"，旨在促进成果转化，提升研究质量，扩大学术影响，更好回馈社会、服务社会。

"上海社会科学院重要学术成果丛书"包括学术专著、译著、研究报告、论文集等多个系列，涉及哲学社会科学的经典学科、新兴学科和"冷门绝学"。著作中既有基础理论的深化探索，也有应用实践的系统探究；既有全球发展的战略研判，也有中国改革开放的经验总结，还有地方创新的深度解析。作者中有成果颇丰的学术带头人，也不乏崭露头角的后起之秀。寄望丛书能从一个侧面反映上海社科院的学术追求，体现中国特色、时代特征、上海特点，坚持人民性、科学性、实践性，致力于出思想、出成果、出人才。

学术无止境,创新不停息。上海社科院要成为哲学社会科学创新的重要基地、具有国内外重要影响力的高端智库,必须深入学习、深刻领会习近平总书记关于哲学社会科学的重要论述,树立正确的政治方向、价值取向和学术导向,聚焦重大问题,不断加强前瞻性、战略性、储备性研究,为全面建设社会主义现代化国家,为把上海建设成为具有世界影响力的社会主义现代化国际大都市,提供更高质量、更大力度的智力支持。建好"理论库"、当好"智囊团"任重道远,惟有持续努力,不懈奋斗。

上海社科院院长、国家高端智库首席专家

序　言

"人类世"时代全球城市面临着前所未有的复杂环境问题和社会风险，脆弱性日益突出，治理难度大大增加。缓解和适应不确定风险灾害已成为当前国家和社会安全发展亟待解决的重大问题。党的二十大报告强调要提高城市规划、建设、治理水平，打造宜居、韧性、智慧城市。联合国也提出将建设包容、安全、有韧性的可持续城市和人类社区作为新的可持续发展目标（SDG11）。百年未有之大变局加速演进背景下，提升韧性成为城市系统应对不确定风险、实现高质量可持续发展、推动构建人类命运共同体的必然选择。

韧性理念起源于系统生态学，将其引入城市研究引发广泛关注，现已成为重要的学术课题和政策话语。不过，由于城市系统的复杂性以及韧性概念的综合性，目前学界对于城市韧性的理解和解释还存在很大差异，尤其对其实现途径、定量化评估以及如何操作应用等关键问题的认识还很不清晰，缺乏以应用实践为导向的实证性研究。为弥补上述缺憾，同时丰富城市韧性应用研究的地理学视角，本书在社会—生态系统的框架下，基于多学科知识、多源数据、多领域技术和工具，尝试探究城市系统适应能力构建以及向更可持续发展轨迹转型的新途径，以期为增强城市系统的韧性潜力、推动城市规划和治理的适应性改革提供参考。本书共分为四个部分。

第一章是绪论，主要阐述本书写作背景与研究意义，提出拟解决的关键问题，介绍主要研究方法。

　　城市韧性的理论研究部分对应本书的第二、三、四、五章。第二章主要阐述韧性的起源与演化、城市韧性的理论基础和概念内涵,发掘城市韧性的研究特征,并阐明城市韧性与中国的可持续、高质量城镇化的关系。第三章系统地梳理了城市韧性的理论要点与研究方法论。第四章分析社会—生态系统与城市韧性,包括全球环境变化背景下城市社会—生态系统的脆弱性和韧性,城市绿色基础设施的风险应对机制和基于人地耦合理念提升城市复杂系统的社会—生态韧性。第五章对城市韧性评估的框架、指标、方法等进展进行系统分析和评述,为城市韧性评估实证研究做好铺垫。

　　城市韧性的实证研究部分对应本书的第六、七、八、九章。第六章引入了"景观"这一透镜以及城市韧性的四个代理属性(多样性、连通性、分散性和自给自足性),以沈阳市为案例研究区,应用景观生态学的方法与工具对城市景观特征进行定量化测度,通过空间分析手段揭示了城市韧性的格局动态及其发展演变轨迹,并提出基于韧性的城市规划建议。第七章对超大城市社区治理问题及其韧性进行探究,以上海社区更新中加装电梯为例,厘清社区更新与共同治理中多方主体的利益关系,分析其如何互动、协商并形成集体行动,最后提出增强韧性的多元共治方案。第八章以中国城乡发展问题为导向,构建韧性视角下城乡治理的逻辑框架,将社会—生态韧性的核心理念(耦合、自组织和学习)引入城乡规划、个体参与和政策制定,提出韧性视角下中国城市治理的路径。第九章进行韧性导向的城乡规划研究,首先明确了韧性的规划学意义与城市适应性规划,指出韧性具有为城市/空间规划理论与实践创新作出贡献的潜力,其次应用多学科知识、方法和技术构建绿色基础设施网络并提出网络结构保护优化方案,最后提炼出基于韧性的城乡规划转型路径,为韧性导向的空间规划和治理实践策略制定提供参考。

　　最后一章是本书的结论部分,凝练全书主要结论,并对未来研究进行展望。

　　总之,面向国家发展与安全的重大战略需求,探讨何为城市韧性以及城市如何以更可持续的方式实现韧性正逢其时。本书系统地开展城市韧性的理论和实证研究,可为城市善治以及提升风险灾害应对能力提供科学依据和决策支撑。随着快速城镇化与全球环境变化影响交互耦合,城市风险交织频发,以韧性为核心的城市发展、规划和治理不仅是学科交叉融合的理论研究前沿,而且是关系人居环境与民生福祉可持续发展的重要实践命题。

目 录

第一章
绪　论

第一节　选题背景与意义

一、选题背景

1. 当代城市面临的复杂性、不确定性和不安全性骤增

工业化和全球化进程持续深化使得大规模城镇化成为世界范围的主流趋势。当前,全球一半以上的人口居住在城市;预计到 2050 年,在不发生重大疫病和自然灾害的情况下,世界城市人口将达到 67 亿,也即全球超过75％的人口会实现城镇化,其中,发达国家城镇化率达 86％,发展中国家城镇化率达 64％,城市将成为地球表面最大的人口载体(United Nations,2019)。这种快速强劲的城镇化对于城市而言既是机遇也是挑战。一方面,优质人口与资源要素的高度集聚会加速城市经济发展和社会进步,增强城市的创新与竞争潜力(Elmqvist et al.,2019)。另一方面,持续增多的人类活动使得城市地域系统的结构和功能发生重塑,引发诸如生态环境恶化、生物多样性锐减、自然资源能源枯竭等一系列不可逆转的深刻变革,并且催生出惊人的不确定性和不安全性挑战(Nathan et al.,2022)。频繁出现的极端天气事件、史无前例的自然和人为灾害、日益严重的交通拥堵和空气污染等交织叠加,使得暴露其中的城市正经受着永久性创伤和日常性混乱

(Jabareen，2013)。目前普遍认为，人类活动的影响已将地球推入一个全新的地质时代——人类世。"人类世"时代的到来，表明地球系统纯"自然"演变的时代已经结束，人类行为作为一种重要地质力量，已参与、并从根本上对地球环境产生了影响(Ivanovich et al.，2023)。多重关联并行的环境和社会风险已发展成为这一时代全球瞩目的隐患难题(Chelleri et al.，2015)。城市作为人类活动最为集中、活跃的地区，不仅是风险事件的贡献者，还是主要承担者。由于人口、资本和服务的集中分布与互联互通，城市往往在风险灾害变化面前表现出特别的敏感和脆弱性，灾害一旦发生，极易酿成重大损失。

2. 增强韧性是城市系统应对风险和实现高质量可持续发展的重要途径

与灾害事件相对应的，是城市的风险消解与危机应对能力。就现有情况来看，以扩大物质设施投入的城市防灾减灾思路和途径明显滞后，甚至还会加剧城市系统的敏感和脆弱性(Glaeser，2022)。面对复杂多变的新形势，原有基于确定性假设的防控措施已不能够满足城市对不确定性风险的防范要求；而且，随着越来越多的风险事件超出人类经验范畴，这种被动的应对方式显然难以发挥及时有效的作用。另外，传统的灾害管理遵循工程学思维，重视防御设施建设，尽管有助于提升城市系统的坚固和持久性，从长远来看，这种大规模投资建设的僵化途径必然会削弱会城市系统的灵活性，致使其陷入顾此失彼的境地。因此，发展一种更具适应性的城市风险应对途径成为当务之急(Shokry et al.，2023)。

韧性是系统在应对不确定的风险灾害时，能够减少损失、迅速恢复、向更理想的发展轨迹转型的能力(Mahtta et al.，2022)。当城市被视为复杂适应性系统的时候，提升韧性可确保城市系统不被无法预知的风险扰动彻底摧毁(Mehryar et al.，2022)。从本质上看，韧性理念假设城市是内部组分紧密关联的复杂系统，通过各组分之间协调配合可充分发挥其对风险灾害的适应能力，进而保证系统的核心功能不会发生中断(Allam et al.，

2022)。相较依靠防御手段为主的传统风险管理范式,增强韧性这一途径为城市系统灵活应对不确定风险挑战提供了新思路,可有效弥补传统灾害管理模式的局限。在环境风险成为当今城市所共同面临的挑战的背景下,强调培育适应能力可促使城市系统最终达成与风险灾害共存和共同演化,这是韧性理论对城市系统实现永续发展和突破当前环境危机的重要启示(Endreny et al.,2017)。

3. 集成多学科知识和技术开展城市韧性研究已成为主流趋势

城市环境风险根植于人类活动与自然环境之间复杂的互动与反馈作用,因此很难找到简单有效的应对方案。不过鉴于这一课题的重要和紧迫性,众多学科领域都涉足研究尝试。尽管这些学科都从根本上重视人地关系,都在风险应对和实现可持续发展方面具有共同兴趣,由于缺乏共同的理论基础,这些学科间的实质性合作较少,研究成果难以互鉴,因此也很难在具体实践中发挥作用(Berkes,2017)。城市韧性研究为解决这一问题起到重要作用。该研究依赖于集成了生态学、地理学、规划学和管理学等学科的知识与工具,依赖重新连接城市的社会经济和生态系统并考虑社会与生态子系统的交互影响。作为整合了自然科学和社会科学的综合性研究领域,城市韧性致力于探索城市系统——可持续发展的耦合模式,通过多学科知识和技术的整合拓展了交叉学科对城市可持续性发展的影响边界,集理论研究和实践应用为一体,为多学科交叉合作解决人类活动的环境影响问题奠定了基础(Leemans,2016)。当前,跨学科合作助推城市韧性研究已成为主流趋势,预计未来这一领域仍会保持热度,因为城市的当下和未来都依赖它(Mielke et al.,2017)。

二、研究意义

"地球表层—人类活动—环境系统的脆弱性和恢复力研究"是全球变化和新可持续发展目标(SDGs)背景下多学科领域关注的重大科学问题,也是深入探究人地关系系统相互作用机理的重要研究领域。通过对城市韧性进行系统性的理论探索,深度揭示城市系统的发展演化机制及其空间结构和功能组织动态,有助于深化对城市社会和生态因素相互作用和依赖关系的认识,特别地,从应对不确定风险灾害的角度来解释城市的发展演化,可进一步丰富拓展城市发展理论。另外,由于城市韧性研究需要跨学科的合作,本研究不仅促进了多学科知识、多源数据、多领域技术工具的交叉和融合,也触动了学科交叉融合对城市可持续发展的研究贡献。

城市作为人类活动和环境干扰最密集、最复杂的场所,正面临着越来越多诸如不透水面急速扩张、生态系统服务能力显著下降、极端高温热浪和洪涝灾害事件频繁出现等不确定风险灾害的影响,脆弱性日益凸显,治理难度不断增大,灾害一旦发生,造成的损失将不可估量。国家"十四五"规划提出,建设宜居、创新、智慧、绿色、人文、韧性城市。韧性城市被纳入国家战略。党的二十大报告也强调,提高城市规划、建设、治理水平,加快转变超大特大城市发展方式,打造宜居、韧性、智慧城市。韧性城市再次进入大众视野。通过对城市韧性进行实证研究,有助于贯彻落实党和国家的战略要求,为城市提升适应能力提供科学依据,帮助城市管理者和决策者制定出更科学有效的城市适应性治理策略,推动城市长期的安全和可持续发展。

总之,城市韧性的理论和实证研究对于有效应对全球环境变化和快速城镇化进程中的风险挑战以及实现高质量可持续发展具有重要的理论和现实意义。

第二节 研究问题与方法

一、研究问题

城市韧性是国内外新晋的学术热点议题,尽管受到众多学科领域的广泛关注,目前尚缺少系统性的研究探索与普遍认可的共识。"如何科学理解城市韧性?""如何以更可持续的方式增强城市的韧性?"是激发本书写作的核心科学问题。本书希望通过科学阐释城市韧性的综合性、复杂性和多面性内涵,寻找跨学科研究与应用该理论的基本共识和优先事项;综合应用地理学、生态学、计算机技术相结合的分析与表达手段推动城市社会生态韧性的定量化研究,形成跨学科研究城市社会生态韧性的框架和特色;解构基于生态系统服务增强城市系统适应和转型能力的机制以及生态系统服务和城市韧性潜力之间的互动逻辑,据此归纳基于生态系统服务提升城市韧性的关键途径;构建绿色基础设施网络格局与优化的应用分析框架,为基于绿色基础设施工具增强城市韧性的规划设计实践提供参考;剖析社会生态韧性的规划学意义,揭示其对城市/空间规划理论与实践改革的潜在贡献,总结适应性治理对于实现城市韧性所发挥的作用,并在适应性治理的框架下,提出合适的适应性空间治理工具以及适应性治理策略,进一步丰富城市韧性的理论和实证研究体系。

二、研究方法

根据各章节研究需要,本书采用的研究方法可分为理论与实践相结合、定量与定性相结合的分析方法,具体涉及的方法与技术在文中相应章节介绍,此处不再详述。

1. 文献分析与实地调研相结合

理论分析部分,基于 Web of Science,Scopus,Google Scholar 和中国知网等网络数据库,搜集了大量的地理学、生态学、气候变化、城市规划等学科领域中与城市韧性理论和实践等主题相关的文献(以英文出版的国际文献为主),作为本书的研究基础。通过对上述文献的归纳整理,了解城市韧性的理论内涵以及国内外相关研究进展,总结出现有研究的不足以及国际研究热点。除了文献分析与理论学习外,在数据获取和研究结果验证过程中，对沈阳市中心城区进行了多次实地调研，根据实地走访了解研究区的社会生态发展及其面临的风险挑战等实际情况，确定了增强研究区城市韧性需要关注的核心难题。

2. 定量研究与定性研究相结合

本书的实证研究部分使用了地理学、生态学、统计学、可持续科学等学科的定量方法，应用 ArcGIS、Fragstate、GS＋、InVEST、Guidos、Conefor、Linkage mapper、Circuitspace、Barrier mapper 等软件完成了相应的地理空间分析、景观格局（指数）分析、空间统计分析、生态系统服务测算、绿色基础设施网络构建及其连通性与障碍分析。此外，限于部分数据不可获取，研究过程中还辅以定性方法，比如引用了公开出版的文献以及实地调研、访谈相关领域专家等获取的定性数据资料，以保证研究的科学性、可靠性和全面性。

第三节　思路框架与特色

一、本书思路框架

本书共分为十章：第一章"绪论"，第二章"韧性与城市韧性"，第三章"城市韧性的理论基础与研究方法"，第四章"社会—生态系统与城市韧性"，第五章"城市韧性的测度和评估"，第六章"城市韧性与适应性治理"，第七章"社区韧性与多元共治"，第八章"韧性与城乡治理"，第九章"韧性导向的城乡规划"，第十章"结论与展望"。

第一章是绪论，主要阐述本书写作背景与研究意义，提出拟解决的关键问题，介绍主要研究方法。

城市韧性的理论研究部分对应本书的第二、三、四、五章。第二章主要阐述韧性的起源与演化、城市韧性的理论基础和概念内涵，发掘城市韧性的研究特征，并阐明城市韧性与中国的可持续、高质量城镇化的关系。第三章系统地梳理了城市韧性的理论要点与研究方法（论）。第四章分析社会—生态系统与城市韧性,包括全球环境变化背景下城市社会—生态系统的脆弱性和韧性,城市绿色基础设施的风险应对机制和基于人地耦合理念提升城市韧性。第五章对城市韧性评估的框架、指标、方法等进展进行系统分析和评述,为城市韧性评估的实证研究做好铺垫。

　　城市韧性的实证研究部分对应本书的第六、七、八、九章。第六章引入了"景观"这一透镜以及城市韧性的四个代理属性（多样性、连通性、分散性和自给自足性）,以沈阳市为案例研究区,应用景观生态学的方法与工具对城市景观特征进行定量化测度,通过空间分析手段揭示了城市韧性的格局及其发展演变轨迹,并提出基于韧性的城市规划建议。第七章对超大城市社区治理问题及其韧性进行探究,以社区更新中加装电梯为例,厘清社区更新与共同治理中多方主体的利益关系,分析其如何互动、协商并形成集体行动,最后提出增强社区韧性的多元共治方案。第八章以中国城乡发展问题为导向,构建韧性视角下城乡治理的逻辑框架,将社会—生态韧性的核心理念（耦合、自组织和学习）引入城乡规划、个体参与和政策制定,提出韧性视角下中国城市治理的路径。第九章进行韧性导向的城乡规划研究,首先明确了韧性的规划学意义与城市适应性规划,指出韧性具有为城市/空间规划理论与实践创新作出贡献的潜力,其次应用多学科知识、方法和技术构建绿色基础设施网络并提出网络结构保护和优化方案,最后提炼出基于韧性的城乡规划转型路径,为韧性导向的城市空间规划和治理实践策略制定提供参考。

　　最后一章是本书的结论部分,梳理凝练全书的主要结论,指出面对百年未有之大变局,以韧性为核心的城市多尺度治理不仅是理论前沿,而且是重要的、非常值得探索的实践命题。此外,还对未来研究进行了展望。

二、本书的特色

　　韧性理论提供了全新的视角和行动来协调改善人地关系、从根本上应对城市系统的复杂性和不确定风险，以及实现向可持续轨迹转型的途径，城市韧性已成为全球变化和可持续发展目标下多学科领域关注的重要学术课题。由于城市系统的复杂性以及韧性概念的综合性，目前学界对于城市韧性的理论认知存在很大差异，对其实现途径、定量化评估以及如何操作应用等关键问题的探索还很有限，以应用为导向的实证研究欠缺。本书立足学科交叉融合，系统深入地探究城市韧性理论及其实践应用，有助于弥补这一缺憾。在批判性阐释城市韧性内涵与要点的基础上，建立起城市韧性与城乡规划和治理之间的联系，提出韧性导向的城乡治理路径，为新形势下中国城乡治理转型提供依据。

其次，以往对于城市韧性的研究，国内主要以对该理论的解释和初步的量化操作应用为主，国际研究主要是对城市韧性进行理论批判。总体来看，实证案例剖析不足且零散。本书不仅丰富了城市韧性的评估体系，同时，对城市整体、城市社区尺度的城市韧性机制进行挖掘，有助于得到更综合有效的城市治理策略。

本书对管理学、地理学、生态学和社会学等领域的相关理论和方法进行有机整合，不仅促进了多学科知识、多源数据、多技术方法的交叉和融合，也扩充了跨学科合作研究对城市可持续发展和治理贡献的理论体系。

第二章
韧性与城市韧性

第一节　韧性的起源与演化

一、起源与类型

"韧性"（resilience）一词,从词源学上看,最早出自拉丁语"resilio",意为"反弹"或"弹性"（Richard et al.,2003）,然后被法语"resiler"借鉴,意为"撤销"或"取消",之后演化为现代英语中的"resile",并被沿用至今（Alexander,2013）。从纯粹机械的弹性形变发展为更具隐喻意味的、用以描述系统承受压力并从中恢复或动态适应的能力,韧性这一术语的内涵和应用领域变得越来越广泛。时下,韧性作为强调系统综合视角应对风险和危机的新思路,已成为学术研究和政策话语中的流行词,特别是在社会—生态系统治理与气候变化响应相关领域（Parizi et al.,2021）。

韧性在工程学、心理学、灾害学研究中有着悠久的历史。随着系统思维的兴起,韧性逐渐被引入生态学和社会科学等学科领域（Matyas and Pelling,2015）。根据应用领域的不同,大体上,韧性可划分为三种不同类型:工程韧性（engineering resilience）、生态韧性（ecological resilience）、社会—生态韧性（social-ecological resilience）（表2.1）。从工程韧性到社会—生态韧性的发展演化,不仅使韧性的内涵和应用变得更加丰富,同时也使得其复杂性和模糊性大大增加,这就造成韧性常被作为"边界对象"使用和发挥作用(Meerow and Newell,2016)。

表 2.1 不同类型的韧性

类别	内涵与动力特征	均衡状态	应用领域	图示
工程韧性	线性系统反弹复原的能力,有助于维持系统运行效率和稳定;强调恢复力和恒定力(对变化的阻抗),通过复原时间来表征	静态、单一均衡、可预测	经济学、心理学和灾害学	
生态韧性	对干扰的持久性和鲁棒性(允许一定范围内波动),以维持系统的基本功能、结构、身份和反馈不改变;强调坚持力、缓冲力	动态、多重均衡	生态学、生态系统研究	
社会—生态韧性	除恢复力和抵抗力,还包括系统结构和过程的重组、系统更新以及新发展轨迹的出现;韧性提供了适应力(转型、学习和自组织),促使系统能够持续发展	动态、非均衡、跨尺度交互	社会学、自然资源管理和规划学	

工程韧性源自工程学领域,代表着最传统的韧性类别,用于表示系统在受到外界扰动后,吸收扰动且恢复到原有平衡状态(与扰动前具有相同的结构、认知和特征)的能力。在这一视角下,系统具有唯一的平衡状态,且韧性的潜力是无限的,所有外部扰动也都是可预测的。因此,在发生扰动后,系统可通过自身的反弹能力迅速恢复到和扰动前一样的平衡态。简言之,这种韧性实际是一种"弹性",特别强调效率和稳定性,相应地,衡量韧性的变

量是系统反弹复原的速度或所需的时间。

生态学家霍林（Holling）将韧性引入生态学领域，开启了现代韧性研究之路（Holling，1973）。霍林在工程韧性和生态韧性的比较中，阐述了自然生态系统存在多重稳态（即平衡态），认为系统的稳态与生态过程、随机事件（比如外界干扰）和时空尺度异质性存在某种关系，并将生态韧性定义为系统在进入新的平衡状态前所能承受或吸收的扰动的量级（Holling，1996）。与之相似地，思想家阿杰（Adger）认为生态韧性是系统吸收干扰、同时维持其固有的结构、过程和反馈的能力（Adger，2003）。由此可见，生态视角下的韧性被视作复杂系统吸收干扰的能力。不过，由于复杂系统的动态变化和风险的不可预测性，其稳态不再唯一，而是存在多个稳态，所以生态韧性也可理解为系统对扰动的忍耐程度。在生态韧性的框架下，扰动可引发系统在多个稳态之间发生转变，而且扰动一旦超过系统能够承受的最大扰动量（阈值），就会发生稳态转变（regime shift）。事实上，一个复杂系统很少或者基本上不可能处于长期稳定的状态，当扰动试图改变系统的运行状态时，韧性就会使其尽量维持在稳定的范围之内。由于这一类型的韧性受生态系统运行机制的启发，因此将其称作生态韧性。

皮特克等（Pickett et al.）在社会—生态系统（social-ecological systems，SESs）的框架下提出了社会—生态韧性这一概念（Pickett et al.，2004）。进入 21 世纪以来，日益严峻的环境风险提醒人们必须要重新审视人类与自然之间的互动与反馈关系。人类活动加速了地球生态环境恶化，造成越来越多的环境风险挑战，这些风险挑战所引发的灾害又使人类承受着惨重的损失与代价。人类与自然系统是不可分割的整体。只有避免继续将人与自然割裂看待，以整体、系统性的方式去认识人地关系，将人类和自然视作相互影响相互依赖的社会—生态系统，才能够从根本上寻得缓解和适应日益严峻的环境风险途径，确保生态环境演变和快速城镇化进程之间的良性互动。

社会—生态韧性大体上指的是系统能够为人类发展提供自然资本、能够承受环境变化和人类活动压力、并且能够平衡长期与短期内的人类需求与自然环境承载关系的能力。福尔克（Folke）提出社会—生态韧性是系统对扰动的吸收、适应以及使系统更新和转型发展的能力（Folke，2006），依赖耦合的社会系统和生态系统的自给自足与灵活多变的适应能力，由社会与生态机制共同维持。社会—生态韧性强调系统的更新、修复和自组织而并非回归到原有平衡态，因此这一类型的韧性本质上是一种变革的能力，并且这种变革是朝向系统可持续发展的积极转变。在这个意义上，与之相关的扰动也不总是负面、消极的，而是系统优化、创新、可持续发展的重要驱动力（Walker and Abel，2009）。

整体而言，韧性反映了系统响应和应对意外、变化以及不确定性的能力，源自工程领域，结合学界对韧性的理解以及韧性应用领域的不同，基本可认为韧性大致经历了工程韧性、生态韧性和社会—生态韧性三个视角的转变，使得韧性的应用领域也由最初的防灾减灾管理转向追求可持续发展、增进人类福祉。工程韧性关注系统的单一终极平衡状态，表征着物体/系统反弹复原的能力。生态韧性是促使系统在多重平衡状态下平稳过渡而不发生彻底崩溃的能力，此后开启了现代韧性的探索之路。在环境和社会学家的推动下，内涵更为综合的社会—生态韧性被提出，社会—生态韧性强调系统要打破均衡，通过持续的动态演化，最终达成与内外部环境的共生和共演化，进而实现整个系统的可持续发展（Welsh，2014）。社会—生态韧性为理解和应对全球环境变化提供了新的视角和途径，尤其有助于为应对气候变化提供行之有效的方案。

二、相关概念辨析

1. 韧性与可持续性

韧性和可持续性具有很多相似性，经常被混为一谈。不过，尽管韧性（尤其是社会—生态韧性）继承了大部分可持续性的属性，在很多情况下，二者可以互换使用,但由于提出时的背景不同,韧性和可持续性具有不同的假设条件和解释,因此,这两个术语的区别也很明显。

首先,作为一种思维方式或环境变化管理范式,可持续性经常和可持续发展联系在一起,主要关注当前行为对未来的影响。考虑到资源是有限的且未来的需求也是可以预期的,所以可持续性更强调维持当前状态、避免变化发生。可持续的实现意味着需要调整现有消费模式和发展路径进而平衡当前和未来的需求。韧性是用来衡量系统的持久性及其对变化和干扰的吸收,进而保证系统核心功能正常发挥。这个概念很关键的一点是,充分考虑了未来的不确定性与不可预期性,并且假设系统具有适应能力,通过建立适应和转型机制以灵活地应对各种意想不到的风险扰动影响。因此,相较可持续性这一复杂、理想化但本质较明确的概念,韧性则考虑了更多的意外因素,不过也因强调不断地调整和变化而使得其本质变得令人困惑(Roostaiea et al.,2019)。

其次,韧性是实现可持续目标的关键途径,强调通过学习、创新和转型而在不断变化的环境中实现持续发展。由于系统需要面对的风险灾害日益复杂多变,只有不断变化才能保证其与风险扰动共同演化,而不是被其所摧毁。然而,韧性有时又会与传统的可持续目标发生冲突,因为二者可能朝着不同的方向起作用。具体而言,可持续性致力于寻找最优资源配置组合方式与效率,而韧性则重视结构与功能的冗余。这就会造成,在一个满足可持续目标的优化系统,由于效率和互联性的提高而使得灵活性不足,因而系统整体的韧性降低。

再次,韧性是基于系统整体的考量,将整个社会—生态系统作为基本单元,这会在一定程度上弱化系统内部的非均衡性(比如无法平等地满足系统中所有个体的利益),较少考虑社会公平,更强调实现整体目标的重要性。相较而言,可持续性注重平衡经济、环境和社会公平三个目标。另外,可持续性优先考虑结果,而韧性优先考虑过程,这也造成在实现策略上,韧性不需要在不同结果之间做选择,而可持续性需要选择最优方案。

最后,从时间尺度上看,系统的可持续性需要很长的时间跨度去检验,而韧性则既要保证系统在短期内免受扰动影响,也需考虑长期持续发展。

简言之,韧性和可持续性都是综合性很强的概念,二者的区别和联系取决于研究领域和尺度。在充满不确定性的环境中,构建韧性无疑是增强系统对变化和意外事件的应对能力以及实现长期可持续发展的重要途径。当韧性作为一个描述性的概念时,韧性与可持续性具有很多共性;而当韧性作为一种思维方式或环境管理准则时,二者之间的区别又很明显。

2. 韧性与脆弱性

韧性与脆弱性均可用来表征系统如何对变化、冲击和意外做出响应。在多数情况下,二者是作为对立方出现的。韧性是脆弱性的决定因素,韧性高就意味着脆弱性低,反之,则不一定成立。这是因为韧性是系统的一种内在属性或涌现性,而脆弱性则是由系统所暴露其中的风险所决定的,暴露也是衡量脆弱性的重要因素。此外,虽然韧性和脆弱性的研究对象均可为人地系统,但脆弱性研究通常以人类为中心,尤其关注环境威胁和社会问题,如社会变迁和社会公平等,因此脆弱性常常与适应性联系在一起。相较而言,韧性所体现的综合性更强,关注社会—生态系统的整体利益,是吸收、适应和转型等多种能力的综合体现(Tyler and Moench,2012)。

从概念本身、评估方法以及响应社会—生态风险实践这三个方面深入挖掘韧性和脆弱性的异同点时会发现,最早关注韧性理论并对韧性相关研究作出贡献的是自然科学,尤其是生态学,直到最近十几年,社会科学才逐渐走入这一领域。不过,对韧性概念的理解和应用不可不加批判地由自然科学迁移到社会科学(Adger,2000)。与此不同的是,脆弱性在多个学科(如地理学、人类生态学、政治经济学、地貌学)的使用中由来已久。韧性可理解为在应对变化和扰动时,系统所发挥的抵抗、适应和转变的能力;韧性可分为特殊韧性和普遍韧性,尽管这二者对于维持系统的安全和可持续都很重要,但两者间的平衡对于系统韧性的发挥也很重要。脆弱性是灾害风险、生计、贫穷、气候变化等研究中的核心概念(Barnett,2003),在不同应用环境中有不同的含义,与脆弱性相关的要素包括:风险、场所、社会经济群体、灾损等(Ionescu et al.,2009)。通常,脆弱用来表征一种环境而非一种结果,由动态的暴露、敏感和应对过程共同塑造,并且脆弱性更多地关注系统面临的急性冲击,而较少关注系统长期、缓慢、渐进的调整和变动。

在研究方法上,二者均应用混合多元的方法,甚至超越了传统的定性与定量,还纳入了利益主体参与、行为研究和社会学习等。不过,韧性研究常用系统性的方法,比如复杂系统方法,强调社会、生态和物质系统的复杂性及其相互作用关系,于是,研究韧性要理解系统动力、相互作用、阈值和反馈。脆弱性研究则更多采用以行为主体为导向(actor-oriented)的方法(Mclaughlin and Dietz,2008),脆弱性分析常将不同系统视为分析单元,并且很少考虑各组成部分及其之间的互动关系。另外,虽然韧性和脆弱性方法都与跨时空尺度的交互过程有关,但正如霍林在扰沌的概念中所提及的,韧性研究主要致力于寻求长期的、慢变量与变化驱动因素之间的互动关系,而脆弱性分析则较多聚焦于短期的威胁事件。尽管与脆弱性相关的研究也考虑了造成脆弱的原因,但这些研究中很少有关于脆弱性的纵向或历史性探索。最后,在对韧性和脆弱性进行评估时,普遍的观点是要选取动态性的过程指标,尽量避免那些表征结果的指标。但在实际的操作中,韧性研究常常考虑系统的互动与反馈动态,而脆弱性由于不涉及系统及人为反馈的影响,往往被视为是静态的(Fiona,2010)。

当前,韧性和脆弱性都被应用于生态系统管理和可持续发展相关议题中。相较而言,脆弱性的概念和评估在实践中有更长的应用历史,而韧性如何实践应用则在最近十几年才开始探讨,并且实践难度较大。韧性通常应用于生态系统、自然资源管理情境中,而脆弱性则在减灾、生计、粮食安全、气候适应性中应用较多(Hans-Martin and Klein,2006)。

3. 韧性、适应性与转型

韧性是一个包含多重含义的综合性概念,一个具有韧性的系统同时具备抵抗、适应和转型三种能力。不过,尽管抵抗、适应和转型都是系统达成韧性目标的途径,但适应和转型并不重视传统工程方案的部署,而是强调与之互补的、从源头解决问题的系统性方案,因此,适应和转型在一定程度上反映了系统韧性的动态性特征。适应性是偏向传统、被动、短期的过程,既能维持秩序也能解决近期的问题;相较适应性,转型是更为激进、主动和长期的发展演化历程,具有不确定的结果以及会产生相关的变革成本。从理论上讲,系统的转型是一系列、大规模的彻底变革,随之而改变的是系统的阈值、发展轨迹等重要变量。霍林认为转型是当系统的原有(社会、经济或生态)状况无法维持正常运行时,革新的能力就是系统的转型能力。由于转型通常需要更为复杂的学习、合作等机制,如果系统现处的状态是不可持续或者不理想的,那么这种改变更巨大的转型过程就是系统实现可持续发展的最佳路径。

4. 韧性与防灾减灾

构建韧性和依靠传统的防灾减灾措施是系统应对风险干扰的主要方式。二者的区别在于:防灾减灾是一种被动的灾害管理办法,在此框架下,风险被默认是已知的,因此往往基于特定的风险类型(比如洪水、地震等)而采取缓解(mitigation)措施;韧性拓宽了应急预案的范围,除考虑应对自然和技术灾害外,还考虑应对空气污染、城市问题等慢性压力,并充分关注这些灾害风险的必然性、偶然性和不确定性特征,因此特别重视应对行为的有效性和多功能性,通常不是针对特定的风险类型,所以多采取适应(adaptation)策略。此外,韧性更注重灾前准备而非灾后管理。而且,韧性相较而言是一种更长效的风险应对机制。

总之,韧性与可持续性、脆弱性、适应性、转型以及防灾减灾等概念具有一定关联,但具有更综合的含义,使用时要做好界定。韧性是系统能够在变化中持续发展的能力,强调积极主动地做好应对可能出现的冲击、危机或压力的准备,这种准备既有助于系统对风险缓解和适应,也能够保障其在经历过灾害侵袭后迅速恢复。

第二节　城市韧性的概念界定

就城市这一复杂适应性系统而言,尤其是在当前快速城市化进程深入推进和环境风险愈演愈烈的背景下,增强城市对于不确定性的动态响应和适应能力是促使其实现安全、可持续发展的有效途径。由于韧性自身的复杂性及不同学科、学者的研究需要有别,学界目前对城市韧性的理解和解释也不尽相同,表 2.2 详细总结了当前研究中对城市韧性的定义。

表 2.2　城市韧性定义合集

代表学者	研究领域	定　义
Alberti et al.	环境学	城市在其结构和过程进行重组之前所能承受的变化程度
Godschalk	工程学	可持续的物质系统和人类社区网络
Pickett et al.	环境学	城市系统在面对外界环境变化时进行调整的能力
Ernstson et al.	环境学、社会学	促使城市能够动态演化的变革能力
Campanella	社会学	城市从破坏中恢复的能力
Wardekker et al.	心理学	系统通过快速反应、恢复和适应来承受扰动的能力
Ahern	环境学	不改变原有状态,系统从变化和扰动中重组、恢复的能力
Leichenko	环境学、社会学	系统能够承受广泛冲击和压力的能力
Tyler, Moench	环境学、社会学	通过创新和变革确保系统从压力和冲击中恢复的能力
Liao	环境学	城市为阻止伤亡损失并保持当前社会经济状态而承受灾害以及进行自组织的能力

续 表

代表学者	研究领域	定 义
Brown et al.	环境学、社会学	城市抵御冲击、恢复和重组以建立防止失败和蓬勃发展的能力
Lamond，Proverbs	工程学	城市从各种灾害中迅速恢复的能力
Lhomme et al.	地球和行星科学	城市在受到干扰后吸收干扰并恢复基本功能的能力
Wamsler et al.	管理学、工程学、环境学	城市能够减少或避免灾害、降低脆弱性、建立灾害响应和恢复机制的能力
Chelleri	地球和行星科学、社会学	城市系统坚持、适应和转型的能力
Hamilton	工程学、社会学	城市能够从灾害中恢复并持续提供主要的生活、商业、工业、政府和社会集会等功能的能力
Brugmann	环境学、社会学	城市系统在复杂情况下能够发挥可预测的绩效效益、功用、相关的租赁和其他现金流的能力
Coaffee	社会学	城市承受破坏性挑战并从中恢复的能力
Desouza，Flanery	管理学、社会学	城市系统吸收、适应和响应变化的能力
Lu，Stead	管理学、社会学	城市吸收干扰同时维持基本功能和结构的能力
Romero-Lankao，Gnatz	环境学、社会学	城市人口和系统承受不同种类危险和压力的能力
Asprone，Lator	工程学	城市适应或应对意外（通常具有极端破坏性）事件的能力
Henstra	社会学	气候韧性城市指的是其能够抵挡气候变化压力、有效响应气候灾害并从气候变化的负面影响中恢复的能力
Thornbush et al.	能源学、工程学、社会学	城市社会、经济和自然系统保证其未来发展的综合能力
Wagner，Breil	农业生物学	系统承受灾害压力、从中生还、适应、恢复并持续发展的能力

　　除此之外，洛克菲勒基金会（Rockefeller Foundation）认为城市韧性是城市在面对极端扰动（急性冲击和慢性压力）时维持人类活动正常进行的能力，尤其保证贫穷和脆弱群体都能够稳步发展（Parizi et al.，2021）；沃克

(Walker)和索尔特(Salt)认为具有韧性的城市能够吸收自然灾害和快速城镇化进程中所致的各种风险扰动影响,并在本质上维持着与之前相同的功能、结构和身份(Walker and Salt,2006);IPCC(Intergovernmental Panel on Climate Chang,政府间气候变化专门委员会)将城市韧性定义为城市社会和生态系统吸收扰动、维持基本结构和功能、进行自组织以及适应压力和变化的能力(Solomon et al.,2007)。最近还有研究将城市韧性定义为:在面对失衡的时候,城市系统及其在多个尺度上的社会—技术、社会—生态网络维持或迅速恢复到良好运行状态的能力。由此可见,韧性有助于城市系统吸收和适应变化,或者是促使其根据变化迅速地做出相应的调整和改变行动(Lennon et al.,2016)。

综上,目前学界尚未形成关于城市韧性明确统一的定义,但大体上都认为城市韧性是城市系统的一种涌现属性,可促使其在面对急性冲击和慢性压力时,能够灵活有效地发挥吸收、适应以及变革的能力来响应和应对。根据这一概念,城市韧性机制可包括抵抗、坚持,适应以及转变(Chelleri et al.,2012;Chelleri et al.,2015)。显然,抵抗和坚持是一种工程途径,通过增强系统要素的抵抗能力就能战胜扰动、避免扰动带来负面影响并重返初始状态,比如加固建筑物以抵御风暴风险(Chelleri,2012);另外两种是通过系统内部组分的协同与合作来响应和应对风险扰动,或者是系统要素从根本上发生变革以保障系统整体能够持续地与风险扰动共同发展演化(Brown et al.,2012;Romero-Lankao and Gnatz,2013)。当城市系统处于不理想、不可持续的状态时,后者可通过从根本上改变现状进而进入新的理想状态(Anne and Lennart,2008)。

尽管城市是由社会、生态和技术网络组成的复杂系统,在SESs的逻辑框架下,城市韧性被视为通过社会和生态子系统之间的互动与反馈作用而产生的对变化和不确定性的吸收、适应和转化的能力。因此,城市韧性这一议题的研究主要关注城市人地相互作用的格局和过程如何引导城市系统走向可持续发展的轨道。提升韧性能力为解决当前棘手的城市问题带来新颖有效的途径,并且建立起管理变化和维持城市基本功能的适应能力。

第三节　跨学科的城市韧性的争议

城市韧性的理论研究方兴未艾。在全球城市面临日益严峻的气候变暖、资源能源短缺、发展路径不可持续等挑战时,城市韧性越来越被视为一个非常有用的概念,引发了多个领域的广泛兴趣。随着这一概念在学术研究、政策话语和规划实践中的普遍应用,城市韧性的多面性、争议性、模糊性和复杂性本质也日益凸显出来。就城市来看,其物质组成、空间范围、时空跨度等特征具有动态性;关于韧性,其具有不同的学科传统和关注重点。由于在不同的议题背景下城市韧性的内涵差异很大,甚至还可能出现相互矛盾、截然相反的情况,因此在使用这一概念时,首先需要对其进行明确的界定(Pickett et al.,2013;Brown,2014;Meerow and Newell,2015;Bozza et al.,2017)。从另一方面来看,独有的理论基础使韧性有别于可持续性、适应性和脆弱性等概念,其自身的复杂性以及不同学科的交叉集成使用又进一步激发了韧性的多面性本质(Weichselgartner and Kelman,2015)。在城市韧性这一概念不可避免地会引发困惑的情况下,需要加强对其理解和测度,引起共识、应用于具体实践并尽可能地实现不同学科间的合作与对话。本节通过对国内外现有相关文献的深度剖析,从基本立场、本质属性、涉及维度、响应对象和实现路径这五个方面阐释了城市韧性概念的争议性。

一、基本立场

从韧性的定义来看,多数都将其视为一个规范、理想的系统属性。不过，韧性的本质到底是积极、可取的抑或相反——消极、不可取的——也是学界的争议话题。雷琴科（Leichenko）认为韧性是城市系统的积极特性，有助于城市实现可持续发展（Leichenko，2011）。其他学者也指出韧性不仅是保障城市系统功能正常发挥的能力，还是促进城市更新和繁荣的能力（Brown and Westaway，2011）。然而，与之相反的观点认为，如果城市韧性被定义为城市系统在受到扰动后能够恢复到原始或者稳定状态的能力，此时假如原始的稳定状态是不理想、不可持续的，比如具有贫困、依赖化石燃料的特征，那么韧性就会使城市无法摆脱这种路径依赖而一直处于不理想的发展状态中（Scheffer et al.，2001）。事实上，决定一种状态是否理想或可取需要规范性判断。目前，这种描述性的积极或消极的争议趋势正在淡化，城市韧性似乎逐渐变成一个学界和政策领域的规范化理想目标。有学者提出，与可持续性相比，由于韧性包含适应的含义，所以当前的政治环境更倾向韧性这一概念，因为其致力于维持既定秩序还解决短期问题。这也是城市韧性越来越受到关注的原因。不过，无论研究需要和利益群体如何变化，可以肯定的是，韧性的缘起是描述性的，其本质是一个分析或描述性的中立的概念，无关乎积极或消极的规范思维，只是在被社会科学借鉴和规划领域转译以及既得利益者操纵的过程中，逐渐赋予了规范性的伦理（Pizzo，2015）。

二、本质属性

虽然韧性与系统响应变化并维持基本功能的能力有关，但必须承认的是城市韧性是一个可塑性很强的概念，在不同学科领域或研究背景下的内涵和应用可能会引发共鸣，也可能有很多不同。于是，学界关于这一概念到底是作为"边界对象"（boundary object）还是"桥接概念"（bridging concept）存在产生了争议（表2.3）（Baggio et al.，2015；Beichler et al.，2014）。说其是边界对象是因为城市韧性这一概念在不同的研究领域具有部分相同的含义,虽然每个领域对其理解和使用方式不尽相同,但并不影响跨学科间的合作。而作为边界对象,实际上前述关于不同实现路径的分析已经表明,城市韧性的解释可以很灵活,满足不同学科和利益相关者的需求,可促进不同研究领域之间为达成共同目标和利益共识而进行的沟通、联系和合作。不过也因为本质属性的不确定,可能会造成以其含义的清晰和准确性为代价的权衡(Brand,2007)。

表 2.3　边界对象和桥接概念的区别与联系

	边界对象	桥接概念
定义	由多个领域共享、但每个领域的观点或使用方式不同的概念	积极连接不同领域并促进领域间对话的概念
特征	解释灵活,在非结构化和定制使用之间动态切换	促进跨学科、学科交叉,联系科学和政策领域

桥接概念和边界对象在一定程度上看似相似,但却具有截然不同的特征。桥接概念一般指沟通了理论和实践联系、促进理论联系实际的知识形式。城市韧性作为桥接概念,学界关注更多的是其跨学科研究和应用的潜力,尤其是跨越科学和社会领域(Deppisch and Hasibovic,2013)。由于从概念上并不能直接阐述这一属性,但是从韧性源自自然科学,然后被社会科学借鉴,最近又常应用于规划实践中可间接证明,城市韧性旨在协调不同领域或者同一领域理论与实践的共同规范目标。

由此可见,城市韧性的广义解释使得其被视作边界对象,促进了学科间的沟通与合作,体现为城市韧性这一概念在不同学科领域被越来越多地使用;而由于构建起科学和政策或实践之间的联系,城市韧性又被视作桥接概念,尤其体现在社会—生态系统这一跨学科的理论框架下,城市韧性提供了城市应对和响应不确定性挑战、实现可持续发展的理论和实践管理思路。

三、涉及维度

城市本身是一个复杂系统,可看作是由物质系统和人类社会组成的相互联系相互依赖的网络(Wu，2013)。物质系统包括：自然环境要素，比如水、土壤、地形和植被；建成环境或者人工要素，比如建筑物、道路、基础设施、交通和通信设施等。物质系统在城市中扮演着骨架和肌肉的角色。在灾难中，物质系统需要应对不同的压力。如果其在遭到破坏后不能恢复，那么城市的"骨架"和"肌肉"就不复存在了。除了物质系统，城市系统还包括社会子系统，一个具有韧性的城市要求社会要素也具有适应性，此处的社会系统可包括社会、经济、文化、政治等更广泛的要素。于是，培育城市的韧性潜力不仅要重视完善能够快速响应灾害的物质结构，还要求关注社会群体适应变化的行为方式。在城市韧性研究中，尤其是在全球环境变化的背景下，学界较多关注城市系统社会—生态维度的韧性潜力，追求人地关系的协调发展；不过也有研究基于传统防灾减灾的思路，更关注城市韧性的社会—技术维度。当然还有学者(以梅罗[Meerow]和恩斯特松[Ernstson]为代表)提出要整合两个维度，平衡社会—技术子系统和社会—生态子系统的潜力，使城市系统能够灵活应对更广泛的不确定性和不可预测的灾害事件，利用现有或潜在的机遇实现向更加可持续的轨迹转型，才能最终实现长期的可持续发展(Ernstson et al.，2010)。

四、响应对象

城市韧性是城市系统的一种普遍属性还是针对某种特定风险事件的应对能力也是学界的一个争议。关于城市韧性响应对象的争议性实际上可从区分一般韧性(general resilience)和特殊韧性(specific resilience)来认识。一般韧性是一个系统应对不可预测扰动的固有能力，也叫适应能力，这种能力不针对任何一种特定冲击或风险类型，是系统对不可预测的风险扰动所具有的全部潜力，注重长期的结果，比如城市系统对全球变化的应对能力。而特定韧性则主要关注系统如何对已知的冲击或压力类型做出响应以及通过改变系统的属性可以提升其韧性潜力，这种能力意味着高度的"专业化"，通常需要在短期内见效,与之相关的潜力也叫作适应性,比如城市系统对热岛效应的响应能力(Cutter et al.,2018)。

至于系统一般韧性和特殊韧性的关系,有学者认为,过分关注特殊韧性会破坏系统的灵活性、多样性和对不可避免的意外风险做出反应的能力,也即特殊韧性会以一般韧性为代价。对城市系统而言,毋庸置疑,这两种韧性都很重要,城市系统除了要对已知风险具有特定的适应性之外,还要保持对不可预见的威胁挑战具有适应能力,但多数学者,尤其是那些关注气候变化的学者仍是强调城市应注重一般的适应能力以及灵活性的重要作用(Walker and Salt,2013)。这是因为,尽管特殊韧性很重要,但对于复杂系统而言,针对单一风险挑战类型的韧性难以保障系统整体的安全与可持续性。通常,由于实际条件的限制,城市治理的优先事项会根据城市面临现实挑战的严峻程度在二者之间进行权衡,进而做出侧重应对特殊风险还是提升一般韧性的决策。关于一般韧性和特殊韧性的认知还需要说明的是,尺度也需要纳入考虑范围。系统可能在较大的尺度上具有韧性,而在较小尺度上的韧性则不明显,反之亦然。于是,有研究指出,在考察城市系统对特定种类的冲击或压力的韧性之前有必要先评估其一般韧性潜力。

五、提升路径

城市韧性可理解为城市系统吸收、适应和从内外部变动中恢复,同时可保障基本功能正常发挥。尽管有共同的理论基础,根据研究需要和应用领域的不同,城市韧性的实现可基于工程路径、生态路径和社会—生态(演化)路径。最初,韧性是一个与风险灾害有关的概念,恢复或者反弹回灾害发生前的状态一直是其主流特征,即通过工程途径来实现城市韧性(Carpenter et al.,2009)。在工程韧性的视角下,城市系统只存在单一的平衡状态,韧性是促使系统维持或尽快恢复到这一状态的能力。因此,通过工程路径实现韧性的具体方式为抵抗干扰变化、坚持唯一的平衡态或快速恢复到原有状态(Steffen et al.，2015)。在生态路径的框架下，城市系统已被视作动态系统，具有多个稳定状态，并且具有自组织和保持基本功能的能力，因此当扰动产生时，韧性可促使系统能够持续运行而不至于崩溃，但却不一定能保持扰动前的状态，而是会出现新的平衡状态。此时，系统的结构可能为保证功能的正常发挥而自然地发生改变或是重组。因此，生态路径的城市韧性旨在通过不断地适应变化来实现城市系统长期生存的目标(Ge et al.，2017)。很显然，这是一种被动式地接受或"拥抱"变化的过程，也没有考虑引起变化的社会原因，而且社会力量的重要贡献在这一框架下被视为适应变化而非解决引起变化的根本原因。最近，由生态学者主导的跨学科研究团队将生态韧性扩展到社会—生态系统中。由于社会—生态系统是人类与自然环境相互影响、相互依赖、共同进化的复杂适应性系统，在社会—生态系统这一更广泛的框架下，韧性与系统持续学习、适应和向更加可持续的发展轨迹转型的能力密切相关(Barrett and Constas，2014)。因此，社会—生态路径的城市韧性不是建立在对未来确定发展模式的预测，而是基于城市系统对意想不到的变化的缓解和适应能力，是确保城市系统在不确定的环境中实现安全与可持续发展的基础。激发起韧性的不确定性、风险或突发事件此时也被认为给城市系统的创新和转型发展提供了潜在机会，带来的是对原有系统的创造性破坏。城市系统因此可通过不断地更新和改造保证持续地发展与演化。

从一个描述性术语演变为一种规范性思维方式或理论，城市韧性已成为城市系统在面对不确定性、变化和扰动时，能够灵活应对和持续生存的有效途径。随着多学科领域对城市韧性相关理论与应用研究的不断深入，这一概念正变得越来越包罗万象，同时也变得更加模糊、容易引发困惑。不过，尽管有局限，得益于韧性概念的灵活性和包容性，其极大地促进了跨学科之间的联系及其对城市可持续理论研究与实践的贡献。

第四节　城市韧性与可持续城镇化

快速城镇化使得城乡互动日益频繁,城市成为优质要素的集聚场域。信息通信技术(Information and Communication Technology,ICT)的大力发展进一步模糊了城乡之间的客观和现实边界,使得现代城市发展成一个复杂的巨大系统,这就要求我们必须以一种相互联系的方式来认识中国的城乡关系及其发展演化过程(United Nations,2019)。在全球气候变化越来越凸显的背景下,建立城乡互惠与合作关系,有助于实现可持续发展目标和城市的韧性发展(Little and Jones,2000)。因此,统筹考虑城乡治理、实施城乡共治十分必要,这为当代中国的城市韧性与高质量城镇化发展提供了方向(United Nations,2015)。

由于长期分割和城市在治理中的主导地位,中国的城乡二元结构和城乡差距仍然存在,也成为影响城乡可持续发展的主要障碍(Gong et al.,2019)。城乡之间的二元结构系数是衡量城乡间经济差距的一个重要指数,该指数越小,表示城乡差距越小。改革开放以来,中国的二元结构对比系数在0.27—0.17之间波动变化,近三年下降到0.20以下,远低于发展中国家0.31—0.45这一水平。这就说明我国城乡经济发展水平的二元特征十分显著,并且还呈现出进一步强化的趋势(白志礼和曲晨,2008)。另外,城乡差距的扩大还表现在城乡居民收入差距上。尽管近年我国农民人均纯收入的增长落后于城市人均可支配收入的增长,城乡收入比由1978年的2.57缩小到1983年的1.82,到2009年时又扩大到3.33。如果考虑城市居民享有各种福利补贴,而农民收入中还包括必要的生产经营支出等,实际城乡收入的差距可能要达到6∶1。这即表明,我国城乡差距扩大的趋势在继续,城乡二元经济结构的矛盾趋于强化。城乡发展差距会成为制约新时期社会结构变革、经济社会协调发展的关键瓶颈。

近几十年中，农村人口进城通勤人数和城市人口旅游、投资、退休到农村的人数迅速增长，更加触动了城乡之间的互联互通（Gu，2019）。2022年，我国常住人口城镇化率达到 65.22％，且城市化还在继续推进。大城市人口加速向郊区、新城区转移，农村人口向城市流动，经济落后地区农民向经济发达地区流动已成为趋势，城乡居民流动性持续增强（Andrijevic et al.，2020）。不过，在人才、资源和资金方面，城乡之间却存在更加明显的竞争和利益冲突。市场竞争往往使强者愈强，弱者愈穷，因而造成越来越突出的农村贫困。城乡差距的扩大已经成为城乡可持续发展的主要挑战和危机。随着城乡之间发展不平衡和乡村发展不充分的问题日益突出，采取综合治理方法而不是城乡分治势在必行。这对于像中国和印度这样的全球南方国家来说尤其重要。因为在这些国家中，随着以城市为主体的现代经济的不对称发展，农村和城市地区之间的矛盾更为严峻。

新时代背景下，城乡可持续发展机遇与挑战共存，这一目标的实现需要打破理论和实践界限。在此背景下，本书提出韧性目标下中国可持续城镇化的理论框架，特别强调多学科知识整合和多尺度实践推进的结合，进而实现城乡多主体、多尺度、多样化的协同发展（图 2.1）。

城乡共治是指为促进城乡协调、实现可持续发展而进行的一个涉及知识和实践的持续共同治理过程。在这个过程中，不同的利益相关者相互合作，并采取从国家到社区不同规模的联合措施或行动，以促进城乡协调，实现可持续发展（Mark，2008；Ye et al.，2018）。城乡共治实践需要多尺度推进。具体来说，在国家层面，可通过相应的国家战略和顶层设计，采取城乡统筹；在城乡或区域层面，可以将上述战略转化为各种城乡规划；在地方层面，提出具体政策来帮助规范城乡之间的相互作用；最后，在社区层面，采取行动激活包括个人、企业和非政府组织（非政府组织）在内的多方利益相关者，以激发基层治理的活力。

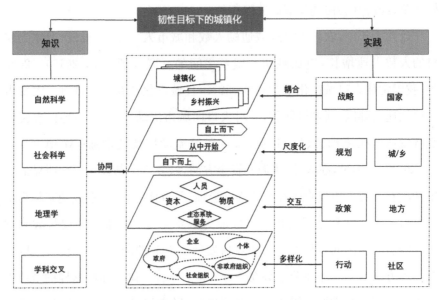

图 2.1　韧性目标下中国可持续城镇化的理论框架

城乡共治涉及社会学、管理学、经济学、法学、工程科学、城乡规划等多学科交叉的理论和视角。这些学科和领域的合作使创新成为可能,进一步促进了这一新兴领域的繁荣发展。因此要通过多学科知识整合促进城乡共治。

多元化参与是共同治理的最明显特征,不同参与者之间的互动与合作是有效整合的关键。基于共同目标,允许并鼓励政府、企业、社会组织、个人和非政府组织等多方利益相关者参与共同治理。多个利益相关者的参与,作为权力下放的一种表现,削弱了政府的权威,并使治理过程向新的资源和技能开放。各主体通过协商、沟通或其他平等方式与其他主体建立伙伴关系。通过充分调动各自在资源、知识和技术方面的优势,不同的主体有助于实现功能互补和相互合作,并最终最大程度地发挥城乡共治的效力。此外,由于利益相关者不断流动,多方利益相关者共同治理系统支持灵活、创新和变革。

从本质上讲,城市化和乡村振兴战略是相辅相成、相互联系、相互作用的,因为城市化必然会对乡村发展产生影响(Liu,2017)。乡村振兴战略有助于解决"三农"问题,也为城市化提供了动力。具体而言,乡村地区的振兴和发展有利于确保城市人口所需的农产品供应,提高生态系统的服务功能,减少自然灾害。反之,城市化战略也为乡村振兴创造了条件。特别是城市化进程有助于促进剩余农村劳动力的转移,扩大农村土地经营的规模,为农业现代化和农产品商业化创造了条件(Lu et al.,2019)。将城市化与农村振兴战略之间的耦合和共生作为城乡共治实践之重。

城乡社会经济的独立发展往往容易引起竞争、矛盾等问题。利用规划来协调和解决城乡在资源开发、环境保护和基础设施建设方面的不平衡。为了协调城乡利益,规划可以统筹安排组织和研究,实现自上而下,自下而上和上中下等不同形式的治理。

消除城乡二元体系,确保人口、物质、资本和生态系统服务等自由流动。城乡关系的演变主要有空间、社会和经济三个方面(Ravazzoli and Hoffmann,2020)。行政系统主要体现在空间维度上。在社会层面上,主要体现在户籍制度和社会保障制度中。在经济层面上,主要体现在土地管理系统上。因此,实现城乡一体化的制度改革不是一个单一的制度,而是综合的、多维的。城乡一体化的四大支柱是行政体制,户籍制度,土地管理制度和社会保障制度。为了实现城乡可持续发展的共同目标,通过这些制度的共同改革,理解每一制度的逻辑,这对实现城乡高质量和一体化发展也具有十分重要的意义。

社区日益成为各种政策的实施点、各种利益的交汇点、各种组织的立足点以及各种矛盾的聚集点,因此有必要将社区作为城乡共治实践的基本单位。社区层面的城乡共治实践也涉及多种主体,尤其应侧重于空间、经济和社会方面。在空间方面,可以按照空间集中,资源优化配置的原则改变城乡功能,建立城乡协调发展的空间体系。在经济方面,可以发展养老产业、旅游业和现代农业以促进农村生产力的发展。在社会方面,完善城乡物质文明建设的社会治理体系至关重要(Murdoch and Abram,1998)。

利用信息通信技术与大数据有助于形成创新、高效、透明的城乡共治模式。移动互联网和大数据时代为沟通工具创新创造了机会,有利于促进和形成城乡合作的信息基础,从而为治理政策提供科学依据(Zhang et al.,2015)。具体而言,大数据可以在城乡发展运行的动态监测、城乡发展情景的预测、多方利益相关者参与治理的扩展这三个方面发挥作用。当前,迫切需要结束单纯的数据理论,而充分发挥数据在社会治理应用中的作用,使大数据有效服务于积极的、全球化、动态性和参与性的城乡共治中去。

城镇化和信息化使城乡要素流动和城乡交互日益频繁,新的可持续发展目标也要求重构城乡关系(Taylor and Richter,2015)。城乡共治有助于打破城乡之间的制度壁垒,促进城乡一体化,也是实现国家治理现代化的关键举措。韧性目标下,中国可持续城镇化的理论框架特别强调多学科知识整合和多尺度实践推进的结合。对全球南方国家尤其中国的城乡治理实践而言,在国家层面,要将城镇化和乡村振兴两大国家战略有机结合;在区域层面,统筹城乡规划;在地方层面,制定城乡要素自由流动的政策;最后通过激活多元利益主体进行城乡社区层面的联动共治。新时代背景下,城乡发展的机遇与挑战共存,通过打破理论和实践界限,推动城乡多主体、多尺度、多样化的协同治理,有助于实现城市的韧性发展和推进高质量、可持续的新型城镇化。

第五节 小 结

韧性这一术语在工程学、心理学、灾害学领域由来已久,霍林将其引入生态学领域,并将工程韧性和生态韧性进行了区分。尽管两种类型的韧性机制不同,工程韧性强调系统恢复原状,生态韧性则强调系统迈向新的状态,二者均认为系统最终会达到某种平衡状态。社会—生态系统理论框架下,学界更多关注社会—生态韧性(也叫演化韧性),社会—生态韧性的提出和应用意味着学界对于复杂系统的发展演化有了全新认知。社会—生态韧性用来表征系统在面对内外部不确定的压力和冲击时所能够发挥的吸收、适应和变革的能力。在当前环境风险日益严峻的背景下,社会—生态韧性为城市系统实现安全、宜居、可持续发展提供了新的思路和途径,引发了多学科领域的广泛研究兴趣,也越来越多地出现在国家/区域发展战略和政策文件中。建立城乡之间的良性互动与合作关系,统筹考虑和有效推动实施城乡共治策略,是新时代中国构建城市韧性与推动城镇化高质量可持续发展的重要保障。

第三章
城市韧性的理论基础与研究方法

第一节　城市韧性的理论基础

一、社会—生态系统理论

人类对自然环境的依赖和影响可以追溯到人类诞生之初,随着技术水平进步和人口数量快速增加,又逐渐产生了管理和控制等需求。自第二次世界大战以来,人类社会和生态环境发生了急速变化,并对地球系统的演化进程以及人类福祉和繁荣造成严重威胁。进入人类世(anthropocene),当地球表面的大部分地方都有了人类的足迹、都在为人类的需求所服务时,人类活动已造成全球土地利用和气候环境发生了巨大变化,全球面临着前所未有的不确定风险,这些风险源于多个尺度上相互交织的社会(包括经济、政治、文化和技术等)和生态(包括生物与非生物)过程的融合和强化作用。人们也越来越意识到,人类社会的持续演化与高质量发展离不开其赖以生存的自然资源系统,因此迫切需要整合自然和社会过程,维持对人类福祉至关重要的生态系统服务,缓解和适应愈演愈烈的环境风险并最终实现人地系统的可持续发展。得益于系统科学和复杂性理论的普遍流行,社会—生态系统理论(social-ecological systems, SESs)应运而生(Liu et al., 2008)。

　　社会—生态系统，顾名思义，包含社会子系统和生态子系统，但社会—生态系统并不是机械地将社会子系统和生态子系统简单叠加，而是基于两个子系统之间的相互影响、相互作用形成的耦合共同体。由此可知，社会—生态系统是一个人与自然互馈发展、相互依存的整体，兼有内部层次性、整体动态性以及复杂适应性等特征，也具有自组织、非线性和阈值效应等多种属性。

　　SESs 起源于 20 世纪 20 年代芝加哥社会—生态学派（Chicago school of social ecology）。这一学派最初只关注人类社会，把自然世界当作影响社会结构的一系列指标纳入其中；直到最近 20 年，社会—生态系统这一术语才被作为系统性研究人地系统的框架，并广泛应用于环境科学、社会学、经济学等多个领域（Berkes et al.，2003；Adam，2015）。事实上，俄罗斯微生物学家切尔卡斯基（Cherkasskii）曾尝试给出社会—生态系统的确切定义：社会—生态系统由生物和社会这两个相互作用的子系统构成；其中，生物子系统是被管理的对象，而社会子系统是系统内部相互作用的调节器。后来，伯克斯（Berkes）和福尔克（Folke）为探索如何在资源管理系统中融入韧性理念而使用这一概念时，才将社会—生态系统与复杂性、扰沌和环境治理联系起来（Colding and Barthel，2019），SESs 这一理论才逐渐被发扬光大。伯克斯和福尔克认为，制度变化和生态系统动态的匹配程度是系统韧性潜力改善的极大挑战（Berkes and Folke，1998）。2009 年，奥斯特罗姆（Ostrom）在 *Science* 杂志发表文章：A general framework for analyzing sustainability of social-ecological systems（《社会—生态系统可持续发展总体分析框架》），对社会—生态系统及其可持续发展的分析框架进行了深入系统的探讨，认为社会—生态系统由多个子系统及其内部变量构成（见图 3.1），并进一步提出了这些看似独立的子系统及内部组分实际上在不同层级上发生着复杂的交互与反馈作用，进而维持着系统整体的发展与演化（Ostrom，2009）。

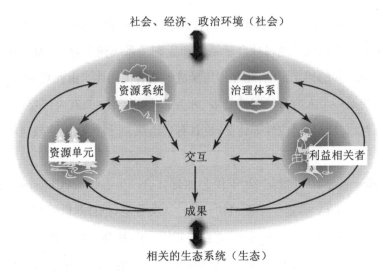

资料来源:Ostrom,2009.

图 3.1　社会—生态系统的核心组分与分析框架

　　SESs 为理解和分析人地相互依赖关系提供了一种动态的、前瞻性的理论框架,提出人地巨系统内部组分的格局、过程、互动与反馈对系统整体的发展演化具有重要影响。该理论最早应用于资源管理及其可持续利用,随后又成为社会—生态系统适应性研究的框架,也为解决城市环境问题提供了新的视角。由于城市可看作是现实世界中最为重要的社会—生态系统,城市生态系统深深根植于社会环境运作之中,并且反过来又对社会运行过程产生反馈,这种不可见的联系和反馈将生态系统的健康与人类福祉紧密地联系起来。因此,对这一耦合、复杂和持续演化的系统的认知应该超越传统的自然、科学或生态决定论观点,而应纳入人类通过科学创新去控制、修复或适应环境变化的范畴。在 SESs 框架下,城市的韧性是城市系统通过社会和生态子系统的良性互动,进而形成吸收、适应和转型的途径来响应系统内外部风险和变化的能力。

　　近年来,SESs 是一个迅速受到关注的议题(孙晶等,2007)。不过,关于 SESs 的定义学界尚未达成一致,尤其该理论中关于"社会"的界定还很不明晰。比如,在伯克斯和福尔克的文章中,社会子系统仅被狭义地解读为资产、土地和资源保有系统,对于这一系统中更深层次的内容,尤其是与经济相关的,则没有纳入考虑。因此,可以认为,到目前为止,学界其实还未形成较为统一的社会—生态系统分析框架。

二、适应性循环理论

适应性循环(adaptive cycle,AC)描述随着系统内在联系的变化,SESs通过自组织来应对变化,进而能够循环往复。AC是一种全新的系统认知理念(邵亦文和徐江,2015)。冈德森(Gunderson)和霍林(Holling)最早将适应性循环理论引入 SESs,并将系统的发展分为四个阶段(见图 3.2):使用(exploitation)、保护(conservation)、释放(release)和重组(reorganization)阶段(Arnstein,1969)。在使用阶段,系统不断吸收新的要素并通过建立不同要素间的联系而获得增长。此时,要素的多样性和要素间的组织相对灵活,使得系统呈现出较高的韧性量级。不过,随着要素组织固化,系统的韧性逐渐被削减。在保护阶段,由于要素间的连通性强化,系统规模趋于成形,持

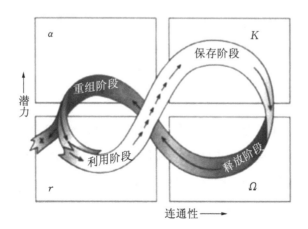

资料来源:Gunderson and Holling,2002.

图 3.2　适应性循环的理论模型

续增长的潜力转为下降，所以此时系统的韧性较低。在释放阶段，系统要素之间的联系变得程式化，急需打破固有的联系方式才能获得新发展，这一阶段系统韧性量级最低，但却呈现增长的态势，颠覆性崩溃(chaos)出现。在重组阶段，韧性强的系统会通过创造新的机会进而进入新的发展阶段，即重新步入利用阶段，实现适应性的往复循环；而一旦系统在颠覆性崩溃后缺少必要的恢复能力，便会脱离适应性循环轨迹，最终导致失败或彻底崩溃。

适应性循环可简单分为前向循环（快速增长、利用到保存阶段）和后向循环（释放到重新组织），系统变动主要发生在后向循环阶段，后向循环也可看作是新思想和变革的时期(Gunderson and Holling，2002)。系统阈值的突破通常也会发生在后向循环中，可能会促成新的"拟稳定制度"，通常这也标志着新的适应性循环的开启(Rees，2010)。关于 AC 理论很重要的一点是要理解系统的变化不是随机的，而是遵循循环反复的出现模式，这也是韧性思维的核心。沃克和索尔特将韧性描述为一种框架，这一框架将社会—生态系统视作一个运行在多个相互联系的时空尺度上的系统。因此，韧性思维为规划未来提供了关键见解，也会对决策产生重要影响。在 SESs 框架下，适应性循环与其说是不可避免的，不如说是一般趋势，这为人为干预构建韧性提供了可能性(Davoudi et al.，2012)。更进一步来看，理解适应性循环有助于确定增强系统适应性的最佳干预时间。

三、扰沌理论

扰沌(Panarchy)理论也被称作多尺度嵌套适应性循环理论。考虑到现实世界中的系统总是动态变化的，适应性循环也不(总)是一个封闭的循环过程。冈德森和霍林在 AC 的基础上进一步提出多尺度嵌套的适应性循环理论模型——扰沌，用来表示适应性循环在多个尺度下的存在状态(见图 3.3)。扰沌理论模型包括两层含义：第一，适应性循环的四个阶段并非连续或固定不变的；第二，系统功能不是由一个单一的循环过程决定的，而是取决于一系列嵌套的小循环,这些小循环在多个尺度上、不同时段内、以不同的速度运行并发生相互作用(Berry,1964)。事实上,扰沌是一个普遍的概念,用以抽象表征系统的整体性和复杂结构。SESs 就可认为是在扰沌中运行的。因此,扰沌理论可用于对人地关系的理解和治理中。

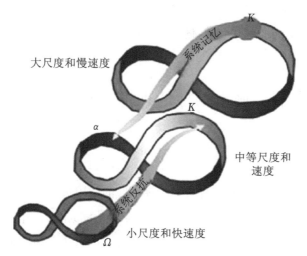

资料来源:Davoudi et al.,2013.

图 3.3 扰沌(多尺度嵌套适应循环)理论模型

如将城市视为复杂系统,扰沌可看作是反映社区、城市和城市—区域之间错综复杂的跨尺度相互作用的理论模型。因此,城市系统演化的轨迹就取决于三种尺度间自上而下或自下而上的重要影响。冈德森和霍林指出,跨尺度、跨学科和动态变迁这三个特征赋予了扰沌一词特别重要的意义,它有助于解释变化和稳定、可预测与不可预测之间的关系。扰沌理论还使我们认识到,城市系统的韧性不仅是面对干扰所发挥表现出来的抵抗和稳定性,也是通过利用干扰所带来的机会实现转型和创新发展的潜力(Walker et al.,2004)。值得说明的是,虽然适应性循环和多尺度嵌套适应性循环并没有提供测度韧性的框架,但提供了理解韧性的框架,即随着系统的不断适应和变化,韧性也在持续变化(Davoudi et al.,2013)。

在复杂嵌套的自适应系统中,大尺度与小尺度、慢速度与快速度之间存在持续的交互与反馈。较长、较慢的进程在较大的尺度内运行,较短、较快的进程在较小的尺度内运行。通过经历适应周期,系统进行自组织并保持韧性。不过,无论是适应性循环还是多尺度嵌套适应性循环模型,其本身并没有提供衡量韧性的框架,而是提供了一种对韧性不断变化的、演化的理解,即随着系统的适应和变动,韧性也在不断变化(Engle et al., 2014)。

第二节　城市韧性的理论要点与研究框架

一、城市韧性理论要点

城市韧性理论及其在指导规划治理实践的应用过程和结果中会不可避免地涉及或产生许多关系的权衡(Meerow and Newell, 2016)。由于韧性一词源自生态学,将其引入城市这一复杂系统时,一些地理学家和社会学者指出与韧性相关的权力、尺度、公平等诸多问题没有被足够重视和得到很好的解决,比如城市韧性该由谁主导? 如何确定和实施优先事项? 优先考虑谁的利益? 如何平衡时空关系? 等等。当将韧性理论应用于具体城市时,实践过程和最终的结果高度依赖于上述问题的答案。于是,为了减少对城市韧性概念以及实际应用时的困惑,将城市韧性理论应用于具体城市的韧性研究时需要明确韧性的动机、对象、受益者、时空尺度这些问题。

首先,明确韧性所针对的目标对象或风险挑战类型。在研究和应用城市韧性时,必须考虑系统需要应对的风险挑战是什么,比如是不确定的风险还是具体的灾害,是气候变化、自然灾害还是恐怖袭击,然后根据要解决的风险挑战类型制定相应的应对策略。这里还涉及构建城市的韧性时,该如何处理一般韧性和特殊韧性。前述分析中已明确指出,如果过分关注特定的威胁往往会破坏系统对其他风险类型响应的灵活性和多样性,而平衡二者的关系才能从整体上提升城市的适应能力。为了阐明这种潜在的权衡，切雷里等(Chelleri et al.)通过研究一个完全基于风力发电的电力系统，指出最大限度地利用风能有助于当前能源问题和气候变化的缓解和适应；不过从长期来看，更加多样化和灵活的能源(包括化石燃料)组合利用方式将会增强对未来环境变化的适应能力(Chelleri et al.，2012)。不过，尽管培育城市普遍的适应能力很重要，不同城市也要因地制宜，根据其需要应对风险扰动的轻重缓急制定优先任务。

其次，要考虑谁将受益。无论是基于技术手段还是生态手段塑造的韧性结构都会产生特定或优先的受益群体。虽然这一群体往往可能但又不限于是决策者，但可以肯定的是，这一过程中一定会产生被包括在内或排除在外的受益群体。因此，考虑谁将受益与权力和政治相关。在具体实施操作过程中也不可避免地会产生所谓"输家"和"赢家"。对韧性城市的规划，从本质上来看，就是权衡受益人的过程，在考虑谁将受益的过程中就产生了潜在的利益相关者(Fabinyi and Michael，2008；Wagenaar and Wilkinson，2015)。

关于韧性的时间尺度与权衡，要根据研究城市或区域面临的具体挑战确定要解决的优先事项，比如是针对飓风等短期破坏还是针对气候变化影响等长期压力。针对短期破坏的韧性策略更关注城市系统的持久性，而长期压力则需要考虑发展路径的转变和转型。关于短期和长期韧性的关系，瓦莱(Vale)和劳伦斯(Lawrence)曾指出，建立长期的一般韧性通常会以短期效率为代价(Vale and Lawrence，2014)。另一个与时间尺度相关的问题是，对城市韧性的干预要考虑为预测到未来可能会遭遇的风险做准备还是对过去的扰动做出响应。虽然本书侧重强调韧性是应对未来的不确定性，但具体实践中，对未来的准备无疑是建立在对过去危机事件的学习和经验积累的基础上的。

韧性相关的空间问题很复杂。就城市系统而言，由于要通过商品、社会、经济、政治和基础设施网络与周边甚至全球相连,因此对于城市的韧性需要考虑其与更大和更小尺度网络的联系(Seitzinger et al.,2012)。社会—生态系统理论以及霍林的扰沌模型均表明系统韧性要考虑跨尺度的影响。在现实世界中,地方的韧性可能受到全球变化过程的影响,比如全球环境变化和全球经济危机等;同样地,地方的变动也可能刺激甚至加速更大尺度范围发生变化(Armitage and Johnson,2006)。不过,虽然考虑城市与更大尺度空间的联系很重要,在实际案例中,城市韧性的跨尺度影响尚未受到足够重视,通常的城市韧性研究和实践应用都基于提前划定的城市边界进行。本书要强调的是,尽管增强城市韧性的实施行动不可避免地受到空间范围的限制,但至少应该将跨尺度的交互纳入考量,以及为塑造某一空间尺度的韧性必然会造成对其他空间尺度的韧性的影响。

思考或提升城市韧性的动机也是一个关键问题。比如,城市的韧性到底是为了增强城市整体的适应能力,还是为了实现某一特定目标,或者二者兼而有之?再比如,城市的韧性潜力到底是有助于恢复原有状态,还是致力于转向新的发展轨迹?等等。对这些问题的思考和解释又会为更明确地回答前述4个议题产生影响,因为动机决定了行动。

整体而言,当韧性理论应用于具体的城市实践中时,要考虑实际的背景环境、各种潜在的权衡、跨时空尺度的联系等多个方面的内容,包括针对什么(what)有韧性,主要关注谁(who)的利益,侧重长期还是短期结果(when),考虑多大的空间范围(where),为何要实施韧性(why)等这些与城市的韧性过程与结果密切相关的问题。

二、城市韧性的评估框架

将韧性理念引入城市研究表征着学界对当前形势下城市安全及可持续发展的理解和实现模式有了全新的认知,但如何系统地测度和实践这一新理念却一直悬而未决。韧性联盟(Resilience Alliance)认为城市韧性整体的研究框架应该由治理网络、代谢流、建成环境和社会机制这四个方面组成。治理网络是保障城市正常运行的相关机构和组织网络，代谢流基于供需消费链促进城市的物质能量流通，建成环境即是具有适应和调整能力的城市空间和建成区，而社会机制则包括从社会—生态视角来挖掘城市韧性潜力与城市中的人口特征、社会学习能力、社会资本，以及社会贫穷、不公等方面的联系。在整个框架中，这四个方面被认为是相辅相成的，通过其协同效应可增强城市系统的韧性（Yamagata and Sharifi，2018）。

还有学者强调社会/社区的公共管理能力（具体表现为领导力、能动性和包容性）对于塑造城市在灾害中发挥韧性具有重要意义（Omer et al.，2009）。贾巴瑞恩（Jabareen）构建了城市韧性实践的概念框架，该框架包含脆弱性分析、城市治理、防护和面向不确定性的规划这四个部分。贾巴瑞恩认为脆弱性分析对于韧性研究十分关键，因为只有熟知了城市面临的风险才有可能制定具有针对性的应对方案，而脆弱性分析的目的在于确定城市面临的风险扰动种类、强度以及空间分布等特征。城市治理是为了探讨实现韧性的管制方法。由于城市是开放系统，城市内的信息交流以及利益主体的合作对于城市系统能否保持韧性能力至关重要，因此就要求治理手段起到积极的促进作用，否则系统就不能及时有效地应对其所面临的日益严峻的不确定威胁。防护的意义在于根据当地的实际情况来整合各种有效途径，而不是简单地摒弃原有的工程防护措施。最后，在面向不确定性的城市规划中，要考虑和纳入多重不确定因素，并通过适应性规划设计的形式来安排具体规划设计工作。

尽管不同学者看待城市韧性的角度不同，但其考虑的实质性内容却相差不大（Tierney and Bruneau，2007）。韧性追求的是不同于以往倚重物质环境构建和维护的单一目标。在城市这个庞大的巨系统中，由于其面临着交织叠加的风险扰动，这一框架下的韧性特别强调应对挑战的反应和协调能力以及社会体系的营建和维护，这种能力建立在多个利益相关者（比如政府、各种组织机构、民众等)的相互合作的基础上,而其他的社会因素,比如社会制度、社会特征、社会学习、社会资本等,则会起到关键的约束作用。不过,将城市韧性放置于更广阔的社会—生态框架下,现有研究对社会与生态的关系(也即人地关系)之间的协调发展的关注明显不足。

三、城市韧性的评估指标

关于城市韧性的定量化方法目前还不多见,尤其是社会—生态视角的定量研究很罕见,现有的城市韧性定量化工作多基于工程视角展开。工程韧性评估主要关注基础设施的坚固或抗毁性,因此城市的工程韧性可以理解为灾害发生时基础设施系统抵御灾害、减轻损失并及时恢复至正常运行状态的能力。邵亦文、徐江等指出基础设施韧性不仅指建成结构和设施对脆弱性的缓解,同时也涵盖了生命线工程的畅通和城市社区的应急反应能力(邵亦文和徐江,2015;Rockefeller Foundation,2017)。蒂尔尼(Tierney)和布鲁诺(Bruneau)等学者认为基础设施韧性主要靠城市基础设施系统(比如城市生命线系统)对风险灾害的应对及其从中恢复的能力来衡量,于是他们按照地震工程研究中心对韧性的定义指出,韧性是表征系统机能的函数。这项研究对城市地震灾害韧性评价具有重要意义,奠定了系统韧性定量评估的基础。之后,有学者基于布鲁诺提出的基础设施应对灾害的反应曲线模型,构建了基础设施韧性定量化评价的"三阶段"模型(Satterthwaite,2013)。除上述方法外,其他学者利用信度函数、目标函数等测度基础设施网络(比如高速公路、电路、供水系统和信息网络)的韧性(刘志敏等,2018;Davoudi,2009;Sassen,2011;Wildavsky,1988)。

整体上看,鉴于城市韧性的综合性和复杂性本质,开展基于多学科理论、方法和工具的城市韧性内涵挖掘与应用尝试均具有可行性和必要性。现有相关研究多是关于城市某一维度或要素的韧性能力探讨,比如城市的经济韧性、社区韧性等;不过,也有结合具体灾害事件来研究城市物质空间、基础设施等的韧性和脆弱性,但很显然,这些研究只诠释了城市韧性的部分含义,并没有基于整体性、系统性的思维与方法。城市作为一个复杂的社会—生态系统,系统内各要素间联系错综复杂,只关注单一维度的韧性能力很显然过于片面,对于实践应用的可参考性较差。

在全球气候变化日益严峻的背景下,社会普遍认识到生态系统服务、绿色基础设施在应对气候变化风险中发挥的重要作用。不过,这些研究也仅是简单地提及其重要性,并未明确阐释具体机制。城市地区通过维持生物多样性和确保生态系统服务持续提供的建议也尚未被包括在城市/空间规划中。仅有的实证研究虽尝试探索生态系统服务、绿色基础设施与城市韧性之间的关系,但只考虑了单一服务类型或单一功能,也没有关注多种生态系统服务协同或绿色基础设施的多功能性。总之,由于起步较晚,现有城市韧性研究多为定性探讨。未来,考虑多个领域、集成多源数据、结合具体区域的定量实证研究值得进一步深入。

第三节　城市韧性研究的特征与趋势

韧性理论因其固有的兼容并包性和动态灵活性受到城市研究者的广泛关注,城市韧性这一术语也越来越多地出现在不同领域的学术研究和政策文件中。全球气候变化和快速城镇化进程的迅猛推进进一步使得过去二十多年城市韧性领域产生了大量研究成果(见图3.4)。学者们多从复杂系统的视角入手来探讨城市的韧性,特别是在网络化的情景下,将城市视为由不同组分之间的动态联系所构成的复杂适应性系统。城市韧性的案例研究则聚焦于城市韧性的提升路径(Fingleton and Palombi,2013;Chelleri et al.,2015;Matyas and Pelling,2015;Meerow and Stults,2016)、城市韧性政策(Chmutina et al.,2016;Elola et al.,2013)、城市水环境的韧性(Muller,

2007；Milman and Short，2008)、城市能源韧性(Bristow and Kennedy，2013；Sharifi and Yamagata，2016)、韧性的协同和权衡(Chelleri et al.，2015)、城市形态韧性(Ahern，2013)、城市韧性的时空特征(Lamond and Proverbs，2009；Romero-Lankao et al.，2016；Tyler and Moench，2012)、城市韧性对可持续发展的影响(Chelleri et al.，2015；Rao and Summers，2016；Teigão dos Santos and Partidário，2011)、城市韧性评价方法(Cachinho，2014；Sharifi，2016)。

为系统发掘城市韧性研究的特点与趋势,基于 Web of Science 核心合集数据库,采用文献计量方法(Chen，2006),对 1995 年至 2017 年的城市韧性相关研究及演变进行了梳理,研究结果通过 CiteSpace 可视化软件包进行展示。整体上,城市韧性研究呈逐年递增趋势,2000 年以前相对较少,2010 年以后迅速增加。然后,从合作分析、共词分析、共被引分析三个方面分别对相关文献进行分析和可视化。共引分析可评估和分析作者、国家和机构在城市韧性领域的学术影响;共词分析帮助发掘城市韧性的主要研究课题;共被引网络分析主要用于获取城市韧性的科学结构和发展趋势。

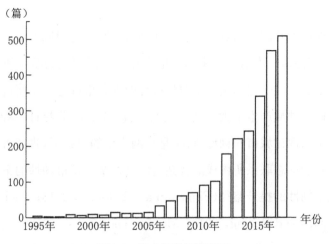

图 3.4　城市韧性研究趋势

一、合作研究特征

城市韧性合作研究总体上呈现出去中心化的趋势（见图3.5），表明研究时段内还没有学者在城市韧性的海量出版物中占据绝对优势，这也与其是一个新兴领域有关。就开展合作研究情况来看，最具代表性的作者是德州农工大学海洋科学系副教授韦斯利·海菲尔德（Wesley E. Highfield）和德州农工大学环境规划系教授黛博拉·罗伯茨（Deborah Roberts）。需要说明的是，此处的合作关系仅反映出作者在城市韧性领域的产出量和贡献度，而高产的作者不一定对城市韧性研究领域有更大影响。

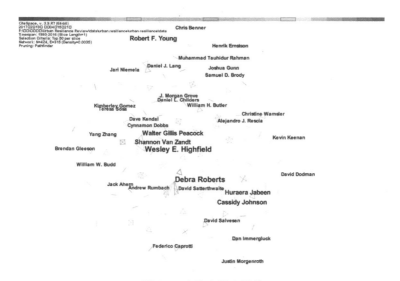

图3.5　合作者研究网络

就国家与机构之间的合作关系（见图3.6）来看，研究时段内城市韧性合作研究多来自城市化水平较高的国家/地区，主要为美国、英国、澳大利亚、加拿大、中国和瑞典。美国、英国和澳大利亚是最早研究城市韧性的国家。美国是所有国家中最大的贡献者，不过，英国在合作关系网络中的影响力也几乎与美国相同。另外，还有一些主要贡献国家在合作关系网络中的影响力却比较小,例如荷兰。中国与美国、英国、澳大利亚和加拿大有着密切的合作研究关系。在合作网络中表现较突出的研究机构有亚利桑那州立大学、曼彻斯特大学、格兰萨索科学研究所、斯德哥尔摩大学、佛罗里达州立大学等。

图 3.6　合作国家和机构网络

二、前沿热点主题

城市韧性这一议题研究主要集中在城市研究、环境研究、生态学、地理学和规划学领域(见图 3.7),这意味着目前的城市韧性研究多是从地理、生态、空间的视角推进,社会和工程领域对其关注不足。

具体研究中出现频率较高的关键词有韧性、适应性、管理、气候变化、生物多样性、脆弱性、系统、生态系统服务、社区、可持续性、风险、社会—生态系统和治理(见图 3.8)。这些关键词大致可分为四个类别,其中,"城市""社会—生态系统""系统""社区"和"生态系统服务",代表了城市韧性的研究对象;"韧性""气候变化"和"风险"代表了城市韧性的研究背景,多数研究主要是在环境风险与不确定性背景下进行的;"适应性""脆弱性"和"生物多样

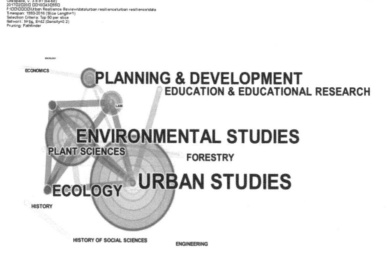

图 3.7　研究主题分类网络

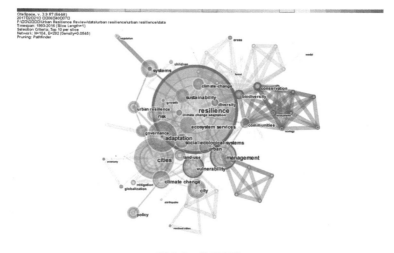

图 3.8　共词网络

性"代表了城市韧性的研究内容和特征;"管理""可持续性"和"治理"是城市韧性研究的目标,即通过必要的管理措施实现城市可持续发展。另外,生物多样性、管理、脆弱性和保护是网络中的主要节点,表征着城市韧性研究主题的发展演化。

三、共引文献特征

城市韧性已引起国际学者的广泛关注,相关研究发表的主要来源期刊如表 3.1 所示。*Landscape and Urban Planning* 是该领域最重要、被引频次最高的期刊,也是城市韧性研究领域发表论文最多的期刊。

表 3.1 城市韧性研究的主要期刊来源

期刊名	发表数	占比(%)
Landscape and Urban Planning	70	19.72
Environment and Urbanization	41	11.55
Cities	34	9.58
Habitat International	28	7.89
Urban Studies	28	7.89
International Journal of Urban and Regional Research	20	5.63
European Planning Studies	17	4.79
Journal of American Planning Association	15	4.23
Urban Forestry and Urban Greening	13	3.66
Education and Urban Society	12	3.38
Urban Education	11	3.1

高被引作者有 Carl Folke(瑞典),其次是 Crawford Stanley Holling(加拿大)、Brian Walker(澳大利亚)、William Neil Adger(英国)、Fikret Berkes(加拿大)、Mark Pelling(英国)、Steward T.A. Pickett(美国)、David Harvey(美国)、Susan L. Cutter(美国)、Simin Davoudi(英国)、Henrik Ernstson(瑞典)、Andy Pike(英国)、Saskia Sassen(美国)、Philip R. Berke(美国)、Harriet Bulkeley(英国)、Jon Coaffee(英国)、Erik Swyngedouw(英国)(见图 3.9)。

作为被引用最多的作者,斯德哥尔摩大学斯德哥尔摩韧性中心卡尔(Carl)教授关注了不同尺度的社会—生态韧性在社会和经济发展中的作用,以及如何治理耦合的社会—生态系统(Folke, 2004)。亨里克(Henrik)教授也来自斯德哥尔摩大学,主要关注气候变化背景下的韧性(Ernstson et al., 2010)。这在一定程度上表明斯德哥尔摩大学是韧性研究的重镇。克

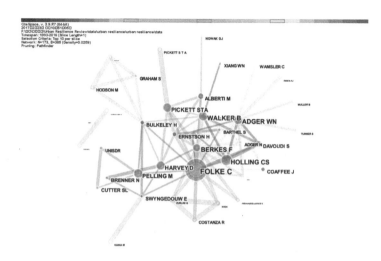

图 3.9 作者共被引网络

劳福德(Crawford)是韧性科学的开创者,首次在社会和生态领域中提出了韧性的概念(Holling,1973)。

就共引文献聚焦的主题来看,主要集中在:韧性相关概念及理论、城市韧性的概念框架和研究路径、社会—生态系统的适应能力、气候变化和不同自然灾害情景下的韧性等(见图 3.10)。

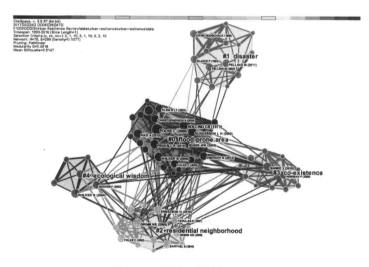

图 3.10 共引文献的聚焦主题

四、发展趋势

根据文献共引网络中具有高被引频次的重要文献,选出短时间内显著增加的主题,进一步发掘城市韧性研究的发展演化趋势。本书研究发现,快速城市化进程持续推进使得城市韧性受到学术界和工业界的广泛关注。城市韧性是韧性研究中的一个重要议题。城市韧性的研究重点大致包括城市韧性的概念、脆弱性与适应性、城市韧性评估模型、韧性城市案例、城市社会—生态系统。整体来看,合作和作者共被引分析的研究结果表明,发表大量论文的作者不一定对城市韧性这一领域具有显著影响;相反,一些产出量相对较低的作者可能对这一领域有更大的影响。城市韧性研究主要集中在城市化水平较高的国家(如美国、英国、澳大利亚、加拿大、中国和瑞典),中国作为快速城市化进程中规模最大的国家,与美国、英国、澳大利亚、加拿大等发表量大的国家有着密切的合作关系。城市研究的领先期刊对这一议题也较多关注,热门期刊主要为 *Urban Studies*(《城市研究》)、*Cities*(《城市》)、*Landscape and Urban Planning*(《景观与城市规划》)等。

第四节　城市韧性研究的方法论

由于城市韧性内涵的不断综合和复杂化,目前尚未形成统一的研究范式。不过,大体上,根据研究对象、视角和尺度等的不同,城市韧性研究的方法论可归为如下四类。

一、基于景观格局

景观格局视角下的城市韧性研究整合了景观生态、社会—生态系统和韧性理论,为社会—生态系统中的景观变量及其社会、经济、环境要素间的相互作用与反馈提供了联系,旨在通过不同尺度上的景观格局和生态过程动态来表征城市系统在内外部变动影响下能够维持核心结构与功能的能力（Cumming et al.，2005；Ahern，2013）。景观生态学的跨学科属性、重视空间异质性、关注随机过程等特征与韧性理念在本质上是相一致的，并且还为城市韧性研究提供了理论与方法支撑；而城市韧性则为景观生态学和社会—生态韧性提供了联系纽带，这就使得景观生态学理论与方法在可持续性科学研究中发挥独特贡献（Cumming，2011）。

该范式下，景观作为一种直观表达社会—生态系统要素涌现属性的载体，通过景观要素（斑块、基质、廊道）空间位置及其他空间属性的变化和景观整体所提供的生态系统服务变动来表征相应的社会—生态系统的韧性潜力，使得复杂的社会—生态系统的韧性变得易于解释和量化（Maciejewsk et al.，2015）。通常，该研究范式可基于土地利用格局来表征景观，重点关注景观的空间变化（Nyström et al.，2008；Guyer et al.，2007；Scheffer et al.，2009）。此时，城市韧性即通过景观的空间动态对其内外部变化或干扰的吸收、适应和转变来塑造，这一潜力具体取决于景观的组分特征、所处环境、连通性、空间反馈、空间补贴、适应性和学习能力、记忆、阈值等（见表3.2）。

表 3.2　基于景观生态的韧性评估内容

空间韧性涉及的变量		关 注 要 点
内部	内部要素布局	相互作用单元间距离；相互作用强度和方向；布局梯度；空间属性灵活性；布局路径依赖
	系统形态（大小、形状，P/A，等）	系统大小是恒定还是变化的；是否大到足以应对潜在干扰；形状是否会影响关键过程或相互作用；系统大小与系统元素变化的关系；大小是否限制增长；大小和可利用资源的关系
	边界数量与特征	边界的长短；模糊或清晰；边界是否脆弱；边缘效应的重要性
	空间变化阶段	经历演替类型变化的重要系统要素；异质性的相关性；空间变化对时间变化的影响
	位置属性	在系统韧性中起重要作用的局部特殊属性；区域历史是否会限制其未来发展

续　表

空间韧性涉及的变量		关　注　要　点
外部	环境与系统足迹	系统周围环境;系统与周围环境的相关性;外部环境如何变化;关键的跨尺度效应;区域环境如何影响韧性
	连通性	与其他相似系统的连通性;区域的干扰和创新能否抵达系统;在不同系统中所处的位置;更广泛网络的属性及其地方影响
	空间反馈	空间格局和/或过程间的正负反馈;系统影响外部环境的程度
	空间补贴	系统是否强烈依赖外部单向输入;系统是否对其他系统提供输入;不同补贴的韧性以及是否限制或增加系统变化
	空间韧性作为变量	区域的易处理变量和/或相关交互或者系统的稳态可否测度与制图
韧性空间相关方面	适应性和学习	是否学习;主动学习还是被动学习以及学习驱动机制;主动适应还是被动适应
	记忆	系统有无记忆形式,存储位置;内部记忆还是外部记忆
	阈值	系统稳态能否改变;状态改变驱动因素,变化阈值

二、基于空间形态

空间形态学语境下的城市韧性研究将空间形态、空间句法和韧性理论相结合,通过基础空间形态要素抽象表达城市空间形态,并构建空间形态要素与韧性之间的联系,进而探索具有韧性的城市空间形态(Abshirini and Koch, 2017)。空间句法作为常用的空间构型分析理论与工具,不仅可用来分析城市空间(比如街道网络)特征及其对社会经济动态的响应,还可将句法指标与空间形态韧性结合起来,根据扰动前后的句法属性变化来表达城市空间对干扰的应对,为精细化和定量化城市韧性提供了可能(Koch and Miranda, 2013)。常用的句法指标有集成度(integration)和选择度

（choice），分别对应网络中心性研究中的临近中心性（closeness centrality，表征网络空间中最短路径分布水平）和介数中心性（betweenness centrality，表征网络空间中替代路径丰富程度）指标，代表着空间形态的灵活性和适应性（Hillier，2009）。

该研究范式认为不同的城市形态是特定的环境、经济和社会力量影响下的综合结果。由于城市面对的干扰不同，其对干扰的应对能力和韧性也就不相同（Abshirini et al.，2017；Ganin et al.，2017）。空间形态的韧性体现在变化、多样性、自组织、学习记忆四个方面。其中，变化和多样性是韧性的内在条件属性。变化可理解为系统为应对干扰或者适应城市更新而展现的自我修复能力（Schön，2000），而多样性的存在则有助于分散风险、创建缓冲，并促进重组。自组织和学习记忆属于韧性的实施操作属性，自组织取决于系统的可达性和土地分配，学习记忆代表着系统携带知识、恢复丢失信息的能力。人为干预空间形态韧性主要是通过促进其自组织和学习记忆的方式，比如通过空间结构的适度冗余以及对承载特定功能空间的合理布局等（Colding et al.，2003）。此外，拉尔斯（Lars）和约翰（Johan）还将城市空间形态韧性置于适应性循环的背景下，发现同一城市其空间形态韧性在不同的成长阶段也不相同（Marcus and Colding，2014）。

三、基于空间组织

基于空间组织的城市韧性研究结合了空间组织和韧性理念，通过揭示空间组织构成要素及布局和韧性之间的联系，寻求城市空间组织的韧性机制以及该视角下城市韧性的测度指标和变量（Gharai et al.，2018）。这一研究范式以空间尺度相对较小、更精细化的城市内部组构为研究对象，探索在特定时空尺度下城市的自然和建成环境要素的空间属性和组织形式的韧性潜力，为增强城市空间的灾害消解和灾后恢复能力、制定城市未来发展及治理决策提供依据。城市空间组织即城市中各种力量和因素（包括市场力、人为活动、不同的服务等)相互影响、相互作用的网络结构,组成要素包括主要道路、提供各类服务的建筑、绿色开放空间以及主要功能轴和区等,其结构和功能的动态格局共同决定了城市韧性。空间组织视角下的城市韧性衡量指标为多样性、连通性、冗余性、稳健性(Godschalk,2003;Sharifi and Yoshiki,2016)(见表 3.3)。

表 3.3 基于空间组织的城市韧性指标识别

指 标	指标内涵	测度变量
多样性	空间多样性与城市结构要素的空间分布有关,通过基本服务均等化以降低扰动风险;功能多样性通过混合土地利用和大量绿色开放空间增强城市活力与恢复力	主要轴线和城市功能中心的多样性;城市主要组分的空间多样性;物种和城市绿色开放空间多样性;城市功能区多样性
连通性	空间组织内部、空间组织与周围联系的便利程度	城市精细组织和渗透性;主要道路一体化;空间沟通的提升(道路完整性和连续性);道路进深的降低
冗余性	多个备份,用于确保干扰后城市功能或服务不受影响	主要路线的重复性;主要城市支持服务的重复性;绿色斑块和公共空间的重复性
稳健性	道路、建筑及其他物理结构的坚固性,干扰前的韧性评估有助于通过持续监测来预测城市空间组织的抵抗力	道路和建筑的坚固性,包括道路宽度、结构强度和精细组织的质量

四、基于物质空间和社会的城市韧性

基于物质空间和社会两个维度的城市韧性研究对象为更微观的城市内部空间,比如一个区域或者建筑。这一研究范式认为城市在其发展演化过程中会经历各种各样的环境变化和危机事件,而那些即使经历了变化和危机仍然能够保留下来空间类型被定义为韧性空间,探寻这类空间的韧性机制及影响因素就是其研究目的之一。由于城市空间由物质空间和社会两个维度的因素共同塑造,因此可推测城市空间的韧性也应基于物质空间和社会两个维度来描绘,即既包括城市的物质空间韧性,也包括其社会维度的韧性,并且城市韧性的影响因素也应从这两方面探析。该范式相较前述范式考虑了更为复杂的社会因素和作用机制,目前其应用主要为个案驱动而非理论驱动的研究。比如扎赫拉·希拉尼(Zahra Shirani)等应用归纳演绎和深度访谈等定性分析方法研究了传统集市城市韧性及影响因素,认为灵活稳固的建设以及持续修缮、独特的空间身份、功能多样性、环境舒适性、到其他空间的可达性、归属感等物质空间和社会两方面的因素共同促进了传统集市空间的韧性演化与成长(Shirani,2017)。

综上,城市韧性主要有四类研究范式(见表 3.4):基于景观生态的研究整合了景观生态和社会—生态韧性理论,通过景观格局和生态过程动态来表征对干扰的吸收、适应、转变;基于空间形态的研究将韧性和城市形态相结合,应用空间句法的理论和分析方法,将空间形态变动转化为句法属性来

表 3.4　四种城市韧性研究方法论比较

	基于景观生态	基于空间形态	基于空间组织	基于物质和社会
代表学者	Cumming G S	Lars Marcus, Johan Colding	Fariba Gharai	Zahra Shirani
研究内容与意义	景观格局与生态过程对干扰的吸收、适应和转变,跨学科的可持续科学研究	空间形态的适应性,探索可持续的城市形态,指导城市治理、规划设计	局部空间结构和功能的适应性,支持城市规划和治理决策	物质及社会维度的适应性,发掘传统建筑/街区的演化与成长机制
适用尺度	宏观(城市—区域)	中观(城市)	微观(城市局部)	微观(建筑/街区)
变量与机制	系统内部要素、外部要素和其他空间方面的空间分布、变化和相互作用	空间形态(如距离、密度和多样性等)的变化、多样性、自组织、学习记忆	城市中心、重要交通线、功能轴和土地利用的多样性、连通性、冗余性、稳健性	灵活稳固的建造、持续修缮、功能多样性、环境舒适性、可达性、归属感等
研究方法	景观生态学方法,比如景观指数、景观直观模型分析	空间形态学方法,比如空间句法	定性与定量相结合,比如实地考察、GIS 空间分析	定性研究、个案分析

探索其韧性机制;基于空间组织的研究关注城市局部空间要素的结构、功能和动态的多样性、连通性、冗余性和稳健性对风险灾害消减和适应能力;而基于物质空间和社会两个维度的研究通过定性方法剖析城市空间结构的演化成长机制及其韧性的影响因素。

第五节 小 结

　　城市韧性是地理学、规划学、城市生态学等多个学科新晋的热点研究领域,以英美等发达国家为代表的国际学界最早提出城市韧性的相关理论,并且对其理论内涵、实现路径及实际应用都有较为深入的研究。国内学术界关于这一研究目前还处于起步探索阶段,系统性研究成果还很不足。本书认为城市韧性从一个描述性术语演变为一种规范性思维方式或理论,已成为城市系统在应对不确定性和内外部扰动时能够减少损失和持续生存的有效途径。随着多学科领域对城市韧性相关理论与应用研究不断深入,这一概念在促进跨学科联系、合作的同时,也变得越来越包罗万象、更加模糊、容易引发困惑。因此,当城市韧性理论应用于具体实证和实践时,要充分考虑现实背景、潜在的权衡关系和跨时空尺度的联系等,同时要关注系统针对什么发挥韧性、关注谁的利益、侧重长或短期结果、考虑多大的空间范围、为何要提升韧性等这些与韧性的过程和结果都密切相关的问题。城市韧性目前缺乏统一研究范式,据其核心关注对象和主要分析方法,本书大体将其归为基于景观生态、空间形态、空间组织、物质和社会四大类研究范式。

第四章
社会—生态系统与城市韧性

城市作为现实世界最具代表性的社会—生态耦合系统,实现韧性和可持续发展离不开社会与生态组分的协同合作和共同进化。将韧性理论应用于城市解决气候变化挑战的重要意义在于引入了复杂系统的思维方式,强调关注城市内部人类活动以及城市与自然环境之间的依赖、交互、反馈关系,通过协调这种相互影响的关系即可维持对变化的气候环境做出动态和及时有效地响应的能力。基于生态系统服务的方案有助于从根本上缓解和适应城市气候风险。不过,由于国内在该领域研究相对较晚,学界对这一方案的作用机制及如何应用还很不清晰,本章详细阐述生态系统服务对于发挥城市社会—生态系统韧性的作用。

第一节 社会—生态系统、
生态系统服务与城市韧性

生态系统服务(Ecosystem Services,ES)最早于1981年由Ehrlich和Ehrlich提出,指的是人类从自然生态系统中所获得的惠益(包括物品和服务)(Fisher et al.,2009)。根据联合国千年生态系统评估(Millennium Ecosystem Assessment,MEA)对生态系统服务的分类,生态系统服务可分为供给服务、调节服务、文化服务和支持服务四类。由于生态系统提供了人类生存必不可少的生态系统服务,人类活动又会对生态系统及其服务能力造成影响,因此可认为,生态系统服务这一概念建立起了生态系统与人类福祉之间的联系,对于系统性理解和解释人类与自然之间相互影响、相互依赖关系具有重要意义,也有助于分析城市社会系统和生态系统之间复杂的交互影响。因此,生态系统服务被当作是城市实现韧性和可持续性目标特别有用的途径和必不可少的伙伴(Liu et al.,2018)。

生态系统服务重新定义了城市中人与环境的相互依赖关系,以及保护自然和生态环境对解决城市现状困境的贡献。自提出以来,这一概念就蓬勃发展,尤其是在MEA这一里程碑式的工作后,生态系统服务迅速成为研究和实践城市韧性领域的重点关注对象(Hubacek and Kronenberg,2013)。过去几十年的快速城市化进程使得城市土地和人口迅速扩张、城市问题骤增且与自然生态系统的关系日益疏离,人们越来越认识到城市生态系统服务(Urban Ecosystem Services,UES)在应对城市化和气候变化带来的挑战与风险的重要性。生态系统服务的概念暗含了生态系统与人类福祉之间的紧密联系:人类一方面依赖生态系统并从中受益,另一方面也会对其进行干预和重塑。人类与自然环境之间时刻发生着交互作用,保持二者之间的良性互动有助于调和人地矛盾、减少环境风险损失、增强城市的韧性和可持续性;而退化的生态系统以及生物多样性丧失无疑会破坏人类福祉、导致城市的发展轨迹不可持续。因此,提升城市社会—生态系统的韧性需要关注生态系统服务,尤其是在全球环境日益多变的背景下,生态系统服务可高效率、低成本的同时响应和适应多种不确定风险。在目前全球范围内生态系统服务能力持续下降的背景下,提升生态系统服务能力可以说是增强城市对环境变化的缓解和适应能力以及实现城市可持续发展的关键途径。

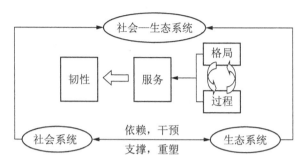

图 4.1 社会—生态系统、生态系统服务与韧性的关系

一、生态系统服务的保险和选择价值

生态系统服务的保险和选择价值在于保障城市所需的生态系统服务不间断供应以及应对多种风险灾害的可能性。具体而言,保险价值是指,尽管城市系统会发生变化、遭遇干扰和不确定性,但生态系统服务的供应依然会持续。因此,生态系统的保险价值取决于其能在多大程度上持续提供生态系统服务流。而选择价值则在于不同用途生态系统服务功能的维持以及决策影响的可逆性。举例来讲,城市公园在战争期间主要被用于进行粮食生产,而不是休憩娱乐,说明了城市公园在同一或不同时间会提供不同用途(审美、娱乐、应对气候风险)的生态系统服务,这些生态系统服务可在不同功能类别之间完成转变(Berte and Panagopoulos,2014)。

二、多种生态系统服务的协同效应

高人口密度、高连通性及其对硬件基础设施的依赖是当代城市的典型特征,这也使得城市系统在面对洪涝、热岛和病疫等风险扰动时表现出特别的脆弱性。此时,城市内部和周边的生态系统即可提供相应的生态系统服务来缓冲这些风险扰动(McGranahan et al.,2005)。对于特定事件的韧性能力会在该事件发生后通过生态系统服务的调节而提升,无论这一事件是否与气候变化相关。比如,湿地可为附近社区提供缓解风暴潮冲击的能力,城市森林可通过降温来适应高温热浪(Locatelli，2016)。因此可以认为，城市韧性通过应对不同类型风险挑战的生态系统服务来表征。不过，尽管了解了城市生态系统中所有的绿色结构及其反馈、循环和变动都可用于加强城市居民与生态系统服务供给之间的互馈关系，但关于韧性的社会与生态方面是如何相互关联的，以及这两方面如何通过生态系统来维持目前还不是太清楚。但可以肯定的是，城市居民可以通过建设生态空间来提升社会与生态效益，这一行动可进一步纳入城市规划和治理中。另外，由于城市生态系统服务受到传统价值观、文化偏好等的影响，通过生态系统服务增强城市韧性还要求理解生态系统服务的社会和生态驱动因素。以文化服务为例，由于其有助于居民参与和组织管理等两个塑造韧性的关键因素，因此就可通过管理文化服务来增强城市韧性。

三、生态系统服务本身的韧性

塑造城市韧性不仅需要多种生态系统服务发挥协同效应，还需要生态系统服务自身具备韧性。具有韧性的生态系统服务具体体现为：能够持续供应、能够对不同扰动进行多样化响应、能够保障在不同时间和空间上供需匹配。首先，生态系统服务的产生和供给需要具有韧性，由于生态系统服务的产生和供应离不开生物多样性，因此多样性可以弥补因单一物种波动而影响生态系统功能的正常发挥。其次，生物多样性对生态系统服务韧性的贡献还在于其对不同种类的干扰具有不同的应对途径，如果系统中所有的物种对扰动的反应都一致，那么无论系统拥有多么多样化的生物种类，系统的韧性都将会很差。最后，生态系统服务在时间、空间上的供需匹配也是城市系统具有韧性必不可少的保障。

整体来看，生态系统服务的保险和选择价值决定了城市生态系统的韧性潜力，多种生态系统服务可从整体上提升城市系统的韧性，而这一过程又与生态系统服务自身是否具备韧性密切相关，后者需要生态系统能够持续供应服务、对不同的扰动类型具有差异化的响应方式,以及生态系统服务的供需能够在时间、空间尺度上匹配。需要说明的是,尽管生态系统服务建立起城市社会经济变动对生态系统的影响与生态系统动态造成的城市适应能力变化之间的联系,影响生态系统服务的社会—生态协同程度取决于具体的城市条件,比如包括生态变动、人类感知和价值取向等复杂因素。因此,关于生态系统服务如何在具体的城市风险灾害中发挥作用还需进一步研究。本章接下来的部分将以气候变化风险为例,深入探讨气候风险如何与城市社会—生态系统相互作用并推动其发生变化,从而造成城市韧性的变动。

第二节　城市社会—生态系统的风险与应对

一、城市风险

气候变化是全球人类共同面临的严峻挑战,因此成为当前国际社会的重点关注问题(Leichenko,2011)。常见的气候变化风险种类包括急性冲击,比如暴雨、飓风、高温、热浪等;缓速压力,比如海平面上升、平均气温上升等;以及由此引发的诸如农作物减产、疾病暴发、基础设施中断等衍生和次生灾害影响。与气候变化相关的风险影响被认为超越了传统的气候或环境灾害而发展成为危害人类社会、经济、环境等多个维度的安全与可持续挑战(Hunt and Watkiss,2011)。虽然气候变化风险在全球范围广泛存在,但城市地区被一致认为是受其影响的“重灾区”。由于产业和资源的不断集中,城市对人口的吸引力日益增强。今天,全球超过一半的人口居住在城市,预计到2050年,这一数字可达到70%,这就意味着世界上约三分之二的人口将暴露于气候变化风险中(United Nations,2016)。而不断集聚的人口和日趋致密并蔓延的不透水地面反过来又会加速气候变化进程。研究指出,城市地区在创造了全球75%的国内生产总值(GDP)的同时,产生的温室气体也占全球总排放量的 70%(Elmqvist et al., 2019)。除了加剧气候变化风险外,日益复杂的人类活动对自然生态系统的大肆破坏和随意侵吞致使城市消解气候风险的能力急剧下降。此外,城市中高度集中和连通的人工环境还会造成气候变化影响的放大效应。因此,在快速城市化与全球环境变化的耦合形势下,城市的气候变化风险已开始由"极端化"向"新常态"转变,带来的影响不仅是加速城市环境恶化,还会造成频繁的灾害以及不可估量的灾害损失。

二、绿色基础设施的风险应对机制

韧性通常被认为是对突发灾害事件响应的能力。不过,韧性的概念并不局限于从扰动中恢复(Pickett et al., 2004),在社会—生态系统的框架下,韧性可理解为系统的持久性、恢复力以及更广泛的为保障系统长期可持续发展的适应和转型能力的综合(Biggs, 2012)。在这一框架下,生态系统服务作为建立起人类与自然之间联系的重要桥梁,已成为实现城市韧性的重要力量,尤其考虑到生态系统服务能够在应对气候变化影响方面发挥重要作用。生态系统服务是人类从自然生态系统中获得的惠益,无论是正常状态还是在面临灾害的时候,人类的生活都离不开生态系统服务,同时,人类是生态系统服务最大的消费者;不过,人类活动又会影响生态系统服务的供应,还是生态系统服务能力退化的关键驱动力。于是,生态系统服务因能反映人地之间的互馈关系而成为城市社会—生态韧性理论与实践的重点关注对象(Serafy, 1998; Andersson et al., 2014)。

作为连接人地互馈关系的重要物质场所,绿色基础设施能为人类提供生态系统服务、增强城市社会—生态系统的适应能力,因而常作为增进人类福祉、增强城市韧性与可持续性的重要工具(Demuzere et al., 2014)。绿色基础设施的概念和应用目前已在城市生态学、景观生态学、全球变化与生态系统服务等多个学科开展,并且发展迅速(Zölch et al., 2016)。事实上,绿色基础设施的概念最早源自"城市公园"或"绿色空间",当时主要用于提升城市的美学价值,之后又被用作防护用地空间和娱乐场所(Benedict et al.,2012)。随后,绿色空间的概念出现在了健康、环境效益的研究中(Tzoulas et al.,2007)。最近,绿色基础设施成为生态系统服务、社会公平等更广泛的概念的一部分,用于提供健康的环境、应对气候变化、缓解和适应空气污染以及水管理等(Kabisch et al.,2017)。目前这一术语还与基于自然的解决方案一同出现,被视为受自然启发和支持的社会挑战的解决方案,主要用以解决城市中的环境问题(Raymond et al.,2017)。由此可看出,绿色基础设施的发展演化与其和人类社会之间的关系密切相关。关于绿色基础设施的定义,各学科根据自身学科背景和具体研究需要,对其界定不尽相同,这就造成了不同学科领域的研究结果相互借鉴受限。所以有学者提出研究绿色基础设施需要对其进行明确界定。

绿色基础设施还具有多功能性(EC,2012)。王(Wang)和班茨哈夫(Banzhaf)指出,绿色基础设施这一概念与传统的绿地、绿色空间和城市绿化等有明显的区别,后者主要考虑绿色区域带给城市居民美学和休闲的体验,而绿色基础设施作为一种气候变化应对策略,针对气候风险以及城市系统的复杂性有更多关注,因此要重视绿色基础设施的多功能性和连通性(Jingxia and Ellen,2018;Ramos-González and Olga,2014;Garmendia et al.,2016)。多功能性是绿色基础设施在科学研究和规划实践中受欢迎的原因之一,也是其优于灰色基础设施的关键,有助于同时实现社会、经济和生态目标。城市环境中的绿色基础设施主要用于适应城市环境风险、缓解城市环境问题、增强城市风险消减和危机应对能力。其中,维持生物多样性、雨洪管理、局地温度调节、休闲娱乐供应是常被提及的绿色基础设施的功能(Norton et al.,2015;Willcock et al.,2016)。绿色基础设施的多功能性主要体现在两个维度:第一,功能可在多个尺度发挥;第二,多种功能可同时生效。不过,尽管绿色基础设施的多功能性越来越多地被提及,但现有研究对多功能性的探索明显不足,大多只关注一两个功能,很少有综合多个功能的研究(Madureira and Andresen,2014)。此外,绿色基础设施多功能之间的权衡和协同作用也是近年的研究热点(Hansen and Pauleit,2014)。

绿色基础设施的空间特征决定了生态系统服务的供需状况及其空间流动(Kukkala and Moilanen,2017)。连通性是绿色基础设施功能发挥的约束条件,不同的连通程度会通过促进或阻碍物种、能量和营养物质的交流进而影响生态系统服务的供应和传递。作为一种涌现属性,连通性是绿色基础设施结构和功能相互作用的结果。在高度异质性和破碎化的城市环境中,绿色基础设施的连通性往往不高,因此会对系统的社会—生态过程、功能的维持和发挥产生较大影响。于是,本尼迪克特(Benedict)等指出在进行绿色基础设施的规划时,考虑如何提升其连通性是一个非常关键的问题。只有保障畅通的环境才能促进生态系统服务的持续、充足供应,进而带来多种生物的、非生物的以及文化效益(Benedict and McMahon,2006;Madureira and Andresen,2014)。绿色基础设施规划实践也重点关注连通性相关问题,在具体操作中通常会构建绿色基础设施网络,然后通过设计节点和廊道布局对网络结构进行优化和完善。

学界普遍认为将生态系统服务纳入城市系统的灾害管理中有助于增强城市系统的社会—生态韧性,因为生态系统服务可以依据不同的风险种类发挥不同的缓解、适应能力,而对其进行管理的目的是使得无论遇到任何变化和挑战,生态系统服务能够一直保证持续供给(Barthel et al.,2015)。城市内通常人口密度高、基础设施连通性强,极易受到多重风险扰动,而其内部或周围的生态系统将会提供生态系统服务以保障其不受伤害。对特定灾害的韧性潜力,尤其是与气候变化影响相关的灾害,生态系统服务均会在扰动发生时及过后产生发挥积极作用(Peters et al.,2004)。需要强调的是,除了通过生态系统服务增强城市韧性外,还要确保生态系统服务自身能够持续供应,这里主要通过维持生物多样性的手段。城市化进程的迅猛推进使得生态系统发生了深刻变革,于是导致生态系统服务水平显著下降。现有研究表明生态系统服务的供应在很大程度上受城市规划的影响(Leemans,2009)。不过,也有学者指出,虽然生态系统服务被认为在城市韧性、城市可持续性转型等方面发挥着重要作用,并且与城市居民的健康和福祉密切相关,但目前关于生态系统服务的理论研究和实践应用还存在很多"灰色地带",比如这一概念尚未在城市韧性相关研究和实践中得到足够重视,也未被纳入城市的规划和治理中(Liu et al.,2019)。因此,未来的城市规划治理过程中应更加重视生态系统服务提供的重要性,比如可通过规划来增强和调控生态系统服务的产生及其服务水平(Radford et al.,2013)。由此引发的另一项工作——规划前充分了解城市内部产生生态系统服务的生态空间格局——也变得十分重要,然而,受限于数据获取困难,目前这类研究也还很缺乏(Maes et al.,2012;Haase et al.,2014)。

气候变化不仅给城市系统带来一系列具有特定影响的灾害事件,还开创了城市需要面对的不确定性和安全风险的新环境。日益严峻的气候变化提醒了人们塑造城市韧性潜力的重要性,启发了城市系统在持续变化的环境中寻求不确定性治理的新途径(Friend and Moench,2013)。常见的气候变化影响包括高温热浪、城市热岛、暴雨洪涝、空气污染、生物多样性锐减等,韧性理念因其有助于系统有效应对不确定风险挑战而迅速被气候变化相关研究所重视。城市气候韧性指的是城市系统通过减缓和适应的手段解决气候变化所带来不利影响的能力(Tyler and Moench,2012)。将韧性理论应用于城市解决气候变化挑战,其重要意义在于引入了复杂系统思维方式,强调要关注城市内部人类活动以及城市与自然环境之间的依赖、交互和反馈,通过协调这种相互影响的关系即可维持对变化的气候环境做出动态和及时有效响应的能力(Da Silva et al.,2012)。

鉴于气候变化风险纷繁复杂、不可避免且不确定性高,一旦发生破坏性极大,培育城市应对气候变化韧性潜力的倡议和行动已经越来越多地出现在学术研究和城市治理实践中(Grafakos et al.，2016)。城市气候变化韧性指的是城市系统在保证基本功能正常运行的同时，能够以动态而有效的方式缓解和适应不同的气候变化挑战的能力(Brown et al.，2012；Brown et al.，2018)。研究表明，塑造城市气候韧性要将增强城市缓解和适应气候变化挑战的能力与促进城市向更可持续轨迹转型的目标结合起来，才能最终实现城市与气候变化风险长期共存、共同发展与持续演化的目标。日益增多的城市气候韧性学术文献、洛克菲勒基金会发起的"全球百座韧性城市"(100 Resilient Cities)政策倡议，以及海绵城市规划等，均是致力于增强城市气候变化韧性的积极尝试。虽然针对城市气候变化韧性的研究起步较晚，但由于这一研究的重要与紧迫性，目前已引发了多个学科领域的广泛研究兴趣(见图4.2)。

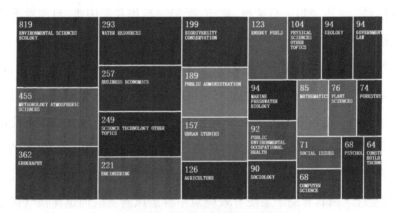

图 4.2 城市气候变化韧性研究的学科分布

就现有研究成果来看，学界对城市气候变化韧性的含义及实现途径等相关问题还没有达成共识。首先，由于看待系统韧性的视角不同(工程视角、生态视角和社会—生态视角)，已有研究在对城市气候变化韧性的论述中，关于韧性是通过"坚持、抵抗"还是"适应"或"更新"的途径来实现存在分歧。前者的代表有亨斯特拉(Henstra)和莱切科(Leichenko)等，强调韧性即是抵抗和恢复能力的表征(Henstra and Daniel，2012；Greenwalt，2018)；而布朗(Brown)和阿利巴希奇(Alibašić)等则赞成后者，主张韧性应该包括适应和转型,还倡导将气候变化韧性纳入更广泛的城市可持续发展框架内统筹考虑(Alibašić,2018)。进一步地,对城市系统实现气候韧性途径的认知方式不同也直接导致了应用实践中的不同探索。比如前者倡导加固城市的基础设施系统,同时增强社会/社区的韧性水平,以便有效抗衡气候变化影响并从中迅速恢复;而后者在认识到气候变化挑战的复杂性、不确定性与动态性之后,希冀通过更加灵活和"实验性"的应对方式,并考虑纳入引导城市向可持续轨迹转型的策略。此外,通过梳理城市气候韧性需要具备的特征发现,学界和政府官员的认知存在分歧。尽管政府官员承认文献中所提及的气候变化韧性特征(比如多样性、冗余性、灵活性)的有用性,但在实践中这些特征并没有被置于其该有的重要位置。相反,在实践中,稳健性才被认为是最重要的特征(Meerow and Stults,2016)。由此可见,实践层面对气候韧性的理解实际上停留在工程学视角而非学界所推崇的社会—生态视角。究其原因,除了意识形态发挥作用外(政府官员倾向于保守和维持现状),还与社会—生态视角的韧性被认为操作性较差有关。

传统上城市应对气候变化风险主要依赖工程技术手段,缺点在于成本高昂、功能单一、着眼于短期效益、易将城市发展路径锁定在不可持续的轨道上,另外,工程技术措施通常只针对确定的风险类型,难以满足应对气候变化风险的复杂性和不确定性需求(Escobedo et al.,2018)。于是,城市迫切需要一种缓解和适应气候变化的新方案,基于自然的方案(Nature-based Solutions,NbS)应运而生。基于自然的气候变化应对方案旨在利用自然的潜力来响应气候变化挑战,由于提供了一种依靠自然资本实现环境和社会目标的低成本多功效途径,被认为有助于改善城市中人地矛盾关系、创建宜居生产生活环境、增强城市社会—生态韧性、实现城市向可持续发展目标转型的创新方案(EC and Nature-Based Solutions and Re-Naturing Cities,2015;Elmqvist et al.,2015)。

NbS 于 2009 年由国际自然保护联盟(International Union for Nature

Conservation，IUCN)正式提出，随后被纳入欧洲委员会(European Commission)出台的政策中。作为快速城市化背景下应对气候变化的新途径，NbS以期将城市和退化的生态系统重新链接到自然，并依靠自然的力量应对长期环境变化危害(Eggermont et al.，2015；Faivre et al.，2017)。NbS主要是通过运用生态系统服务来实现提升人类健康和福祉、适应气候变化、解决社会—生态威胁等多个目标，使得提升城市气候变化韧性和实现长期可持续的目标变得明确。研究表明，多种社会—生态威胁可通过NbS同时解决，因为生态系统服务具有多功能性(Cohen-Shacham et al.，2016)。虽然目前NbS在国际上的应用较少，但在欧洲的一些国家已经进行了实践尝试(Lafortezza et al.，2018)。不过由于NbS缺乏具体明确的实施标准和指导方针，相关理论和实践有待进一步完善。

整体而言，当前的城市气候变化韧性研究尚处于起步阶段，急需开展相关议题的广泛探讨以填充现有研究的空白。另外，在城市应对气候变化能力的提升和构建方面，虽然理论上更多强调对现有状态进行改善和变革，以响应气候变化影响的动态变化和不确定性，但是在实践应用时却经常更重视对现状的维持和恢复。这一不匹配现象说明了目前社会—生态视角的韧性理念还未在应对气候变化的实践中发挥有效作用，值得进一步探索。此外，在对自然的价值及其对社会的惠益有了更深刻认知的基础上，基于自然的城市气候变化方案应该旨在通过利用自然的潜力产生生态系统服务以应对气候变化风险，进而增强城市对于气候变化的韧性和可持续性。

第三节　城市生态系统服务的韧性机制

传统上城市应对气候变化风险主要依赖工程技术手段，缺点在于成本高昂、功能单一、着眼于短期效益、易将城市发展路径锁定在不可持续的轨道上。另外很重要的,工程技术措施通常只针对确定的风险类型,难以满足应对气候变化所带来的复杂风险类型和不确定性(Escobedo et al.,2018)。近年,基于生态系统服务应对气候变化的方案在欧美国家逐渐兴起。不同种类的生态系统服务通过调控温室气体的"源"和"汇"、吸收和固定大气及水体中的污染物、提升土壤保水性,以及其他缓解和适应气候变化风险的途径受到广泛推崇。基于生态系统服务应对气候变化的方案被认为是有助于减轻气候变化危害、改善城市人地紧张关系、创建宜居的生活环境、增强城市社会—生态韧性,以及实现城市向可持续发展路径转型的创新方案(EC,2015;Elmqvist et al.,2015)。生态系统服务缓解和适应气候变化的能力主要基于其全球气候调节、温度调节、空气净化和雨洪管理的功能。

一、全球气候调节

自然和人为因素引起大气中温室气体含量的增加是全球气候变化的重要原因,而生态系统可以通过自然植被(比如森林和沼泽地)、草地、农作物和土壤等多样性发挥碳固定和封存功效,可有效降低空气中的二氧化碳等温室气体的浓度,进而缓解气候变化影响和挑战。碳固定和封存将大气中的碳存储在地上的植被和地下的土壤中,是通过生物多样性支持的一种生态系统服务。研究指出,陆地生态系统每年可通过光合作用过程吸收约30亿吨大气中的碳,大体上相当于人为排放二氧化碳量的30%(Canadell and Raupach,2008)。由于化石燃料的燃烧和人类活动对自然生态系统的破坏,城市成为全球变暖的重要贡献者。但同时,城市也是陆地生态系统的有机组成部分,城市生态系统可通过系统自身提供生态系统服务吸收二氧化碳来减缓全球气候进一步变暖,因此其在调节全球气候变化方面也发挥着重要作用。不同的生态系统类型根据其内部生物与非生物特征对碳的储存能力也不同(见表4.1),而人为破坏生态组分和结构也会降低生态系统的碳储存能力。因此,保护城市生态系统不受破坏有助于使其充分发挥碳固定和碳封存功效,进而可以减少大气中的温室气体以及减缓全球气候变暖。

表 4.1　陆地生态系统碳储存量估算

储存组分		碳储存量(Pg)	储存组分		碳储存量(Pg)
植物	总量	650	土壤有机碳	1 m 深土壤	1 600
	其中,森林	360		3 m 深土壤	2 300
植物根系	总量	280	土壤无机碳	1 m 深土壤	1 700
	其中,森林	200	冻土	总量	1 700
土壤微生物	总量	110	泥炭沼泽地	总量	600

资料来源:Daba and Dejene,2018.

二、温度调节

在全球变暖的大背景下,高温热浪已成为一种常见的极端气候事件,对人类健康和社会经济发展等均有不利影响,并逐渐演变为一种与人类死亡密切相关的气象灾害。据世界气象组织统计,由于高温热浪造成的伤亡人数在 1991—2000 年期间约为 6 000 人,而在 2001—2010 年这一数据急剧增长到 136 000 人,增幅超过 2 000%。由高温热浪造成的伤亡增长率远高于所有其他极端天气事件(包括高温、冷冻、干旱、洪涝和风暴)的总和。此外,快速城市化进程引发的城市热岛效应又加剧了城市高温热浪的持续时长、危害强度,对城市地区的高温热浪影响产生了放大效应,于是使得城市居民暴露于更严重的高温热浪中。

生态系统服务是最有效缓解城市高温热浪和热岛效应的基于自然的解决方案(Reisand Lopes,2019)。首先,高大的绿色植物可通过拦截和反射太阳辐射的形式而减少地面对其的吸收和储存,也即产生阴影效应,这一效应会降低城市地表的温度;其次,绿色植被可通过进行蒸腾作用来增加大气湿度和降低大气温度。这两种生态过程共同产生了有助于降低附近区域温度的生态系统服务,对周边区域缓解和适应高温热浪及热岛效应影响具有重要作用。布努阿(Bounoua)等的研究显示,夏天时,城市地区的不透水地面的温度要比透水地面平均高 2 ℃(Bounoua et al.,2015)。赖斯(Reis)等

的研究表明,50 平方米的植被覆盖面积能够使气温降低 1 ℃;而斯通
(Stone)和布赖恩(Brian)的研究也表明,增加城市郁闭度可使气温降低
1 ℃—3 ℃(Stone and Brian,2012)。事实上,随着城市绿色基础设施规模
的增加,其降温潜力和对人体热舒适的贡献会极大增强。

基于 2015 年 7 月 9 日沈阳市中心城区的 Landsat 遥感影像数据(条带
号列:119;行:31),应用地表温度反演法得到了沈阳市地表温度的分布格
局,如图 4.3 所示。根据该图可明显发现,具有一定规模的城市公园、森林、

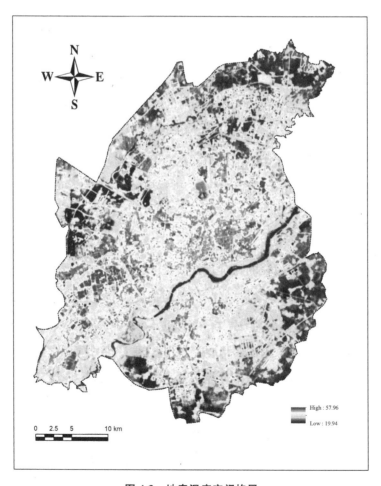

图 4.3 地表温度空间格局

农田、水域等区域的温度明显低于高密度高强度人工开发建设的区域。为进一步体现绿色基础设施对降温作用的贡献,应用 ArcGIS 分区统计工具对绿色基础设施区域和非绿色基础设施区域内的温度分别进行统计,结果(见表 4.2)显示,非绿色基础设施区域的最高温度和平均温度均高于绿色基础设施区域的最高温度和平均温度。这一结果可作为生态系统服务能够发挥局地温度调节功效的有效佐证。

表 4.2　研究区地表温度

	最低(℃)	最高(℃)	平均(℃)	标准差(℃)
非绿色基础设施区域	19.94	57.96	41.30	3.15
绿色基础设施区域	26.41	49.86	35.66	3.52

除了发挥温度调节作用本身,城市生态系统服务对局地温度调节的重要意义还在于"局地",不同于其他类型的生态系统服务可以"进口",局地温度调节完全依赖于一定距离范围内的绿色基础设施发挥作用。因此,就局地温度调节而言,城市生态系统具有不可替代性。

三、空气净化

空气污染是城市面临的经常性挑战之一。随着城市化进程持续深化,城市中的人口、车辆迅速增加,能源消费结构发生变化,于是城市污染物排放量持续增加;同时由于自然生态系统被大量侵蚀和吞噬,致使其对空气污染物消减的能力大幅被削弱,因此城市的空气质量正日益恶化。此外,气候变化也会对城市空气质量产生负面影响,这是由于气温、降水、风速等均在不同程度上制约着空气污染物的扩散和分布(Xie et al.,2018)。受污染的空气严重威胁着城市居民的身体健康、城市环境的宜居性,以及城市社会经济的可持续发展能力。据世界卫生组织的调查统计,超过90%的人口生活在最低空气质量标准线下(EEA,2013);而且,每年约有 370 万人因空气污染提早死亡,且主要发生在城市地区(World Health Organization,2014)。

城市生态系统具有净化空气污染、改善空气质量的功效。绿色植被可通过生物物理过程吸收、分解和转化空气中的有害气体(NO_2、SO_2 等);还会阻滞和吸附粉尘、颗粒污染物,比如 $PM_{2.5}$ 和 PM_{10};另外,有些植物会通过分泌挥发性有机化合物杀灭空气中的病原菌,降低臭氧水平。已有研究表明,虽然几乎所有的绿色基础设施都具有改善空气质量的作用,但森林的作用往往更显著,因为相较其他植物,树木的叶面积更大(Manes et al.,2016)。

通过分析位于沈阳市中心城区内的 12 个空气质量监测站在 2015 年 5 月份的空气质量及污染物浓度数据(见表 4.3)发现,尽管监测站的空气质量及污染物浓度表现出一定差异,总体来看,$PM_{2.5}$ 和 O_3 是观测时段内沈阳市中心城区的主要空气污染物。

表 4.3　沈阳市空气质量

监测点	AQI	空气质量指数级别	首要污染物	$PM_{2.5}$	PM_{10}	NO_2	SO_2	O_3	CO
小河沿	93	良	$PM_{2.5}$	91	55	21	24	19	9
太原街	78	良	$PM_{2.5}$	78	56	26	16	19	10
浑南东路	119	轻度污染	$PM_{2.5}$	74	63	19	21	21	10
新秀街	125	轻度污染	$PM_{2.5}$	78	65	22	37	23	11
东陵路	144	轻度污染	PM_{10}	44	84	15	16	22	10
陵东街	75	良	O_3	68	53	20	14	23	10
文化路	119	轻度污染	$PM_{2.5}$	87	61	22	24	22	10
美国总领事馆	92	良	$PM_{2.5}$	62	56	26	16	19	15
裕农路	73	良	O_3	53	41	17	12	24	9
辽大	129	轻度污染	PM_{10}	61	91	20	10	23	8
沈辽西路	158	中度污染	O_3	81	82	20	12	23	10
沈阳市府广场	78	良	$PM_{2.5}$	78	56	26	16	19	10

然后,基于 ArcGIS 软件平台对 12 个监测站的各类污染物浓度数据进行反距离加权空间插值运算,得到沈阳市中心城区空气质量及污染物浓度

空间格局(见图 4.4 和图 4.5)。整体来看,沈阳市中心城区的空气质量具有明显的空间差异,城市东北部和(浑河以北的)中部地区的空气质量明显要优于西南部,也优于东南部。分不同的污染物来看,各项污染物浓度的空间分布格局差异较大,在城市外围受 PM_{10} 和 O_3 污染更严重,而在城市中心则受 $PM_{2.5}$、SO_2、NO_2 和 CO 的污染更严重。结合研究区的土地利用状况可知,空气质量较高的区域为东北部的城市森林以及主城区的大型城市公园,这一证据进一步验证了前述研究结果,即城市森林和具有一定规模的城市公园是改善空气质量的主要力量。此外,还可推测,生态系统服务对空气净化的贡献还因产生不同生态系统服务的植被类型以及污染物种类有关。

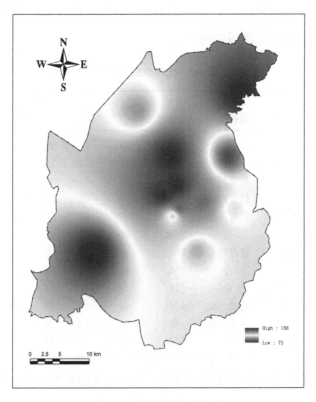

图 4.4　空气质量空间格局

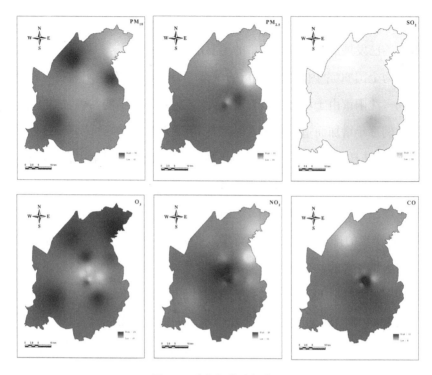

图 4.5　空气污染空间格局

四、雨洪管理

　　城市的规模扩大、致密化建设以及与全球气候变化的耦合叠加效应一方面使得高强度暴雨发生的概率大大增加,另一方面又降低了城市自身截留、存储和渗透雨水的能力,给单纯依靠灰色基础设施的传统防洪排水工程造成很大压力。于是在发生暴雨时,城市地区经常会出现洪水漫溢的局面,"看海"事件当前在很多大城市已不新鲜。此外,由暴雨洪涝灾害引发的次生灾害链还可能威胁到城市中的工农业生产、交通、电力等多个部门,严重影响城市居民的正常生活、生产、出行,甚至可能造成永久性创伤或毁灭的打击(Campanella,2006)。数据显示,自 2006 年以来我国发生洪涝灾害的城市逐年增加,约 2/3 的城市曾发生过内涝,其中超过 1/4 的城市最大淹没时长超过 12 小时。连续性高强度降水超过城市的排水能力而导致的灾害现象目前已发展成为我国大城市的主要难题之一。

作为全国 60 个内涝灾害严重的城市(东北地区仅有沈阳和长春两座城市)之一,沈阳市由于城市排水管道建设不完善、分布不均匀等,加之地表硬覆盖比例逐年增加而造成雨水入渗困难、径流总量增多,致使其每逢雨季就会积水,尤其是在二环内老城区最为明显。主要积水点多集中在太原街、金廊沿线,以及竖向地势低洼、排水系统末梢、下穿地道桥等区域(见图 4.6)。根据住建部要求,沈阳市编制了《沈阳市排水防涝补短板行动方案》,城区内 101 处易涝点的排水防涝设施进行了改扩建。但事实上,由于气候变化影响下的雨洪灾害的复杂性和不确定性,以及城市现实条件的制约通常会造成这些斥巨资打造的防洪排水系统灵活性和有效性不足,无法产生立竿见影的效果,也难以满足日益多变的城市水涝灾害应对需求。

资料来源:搜狐网,2016 年 7 月。

图 4.6　城市内涝分布

最近的研究表明,绿色基础设施可通过其提供的水文服务功能来调节地表径流使其维持或恢复到自然水平,进而缓冲和适应暴雨洪涝风险的影响(Fletcher et al., 2013)。具体过程中,树冠、绿色屋顶会截留落地前的雨水,并且在蒸散和渗透方面也发挥积极作用;城市绿地有助于雨水及时下渗,从而减小径流量;城市湿地可发挥拦水蓄水、涵养水源等功效。可见,绿色基础设施可通过改变这些水文过程有效应对洪涝风险(Zölch et al., 2017)(见图 4.7)。相较仅关注排洪效率的传统防洪抗灾结构,基于生态系统服务进行雨洪管理的突出贡献在于其多功能性,即通过绿色基础设施提供的生态系统服务既可实现跨尺度的暴雨流量控制(通过植物的渗透、蒸发

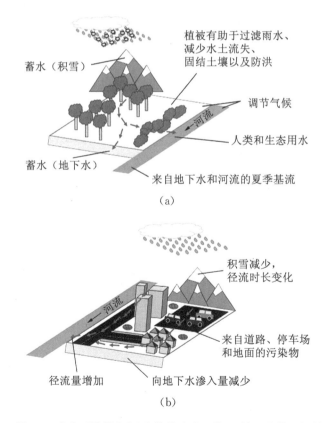

图 4.7　生态系统服务(a)和传统防洪设施(b)的雨洪管理机制

和蒸腾作用)和污染物消减(通过沉降、植物吸收、吸附、降解等方式),同时又可实现改善空气质量、调节局地温度,以及创造多样化的宜居环境(Prudencio and Null,2018;Staddon et al.,2018)。

就雨洪管理方面,一项研究选取了悬浮物(total suspended solids, TSS)、总氮量(total nitrogen,TN)、径流量以及高峰流量 4 个指标。分别观测这些指标在不同设施(包括绿色和灰色)前端和末端的差值,进而可检验绿色基础设施的有效性,如图 4.8 所示。结果取 TSS、TN、径流量以及峰值流量 4 项观测指标在不同的设施前端和末端的观测值的加权平均差(对平均差值进行加权是为了消除因少数异常值引起的偏差),分别显示为图 4.8(a)、(b)、(c)。图中的误差线表示加权标准差,用来表征相应指标在所有观测点的平均值差距;条形图中的数字分别代表观测点数目和暴雨洪涝事件数(括号中)。结果表明,绿色基础设施减少了 TSS、TN、径流量和峰值流量;在降低水污染或改善水质方面,绿色基础设施的平均效果与传统灰色工程设施的效能相差不大;不同种类的绿色基础设施在减少暴雨洪峰流和径流量方面的表现不尽相同。此外,由于绿色基础设施的建设成本通常要比传统工程设施少 5%—30%;绿色基础设施在整个生命周期内的成本要比传统工程设施低 25%。因此,考虑到多功能性和较高的"性价

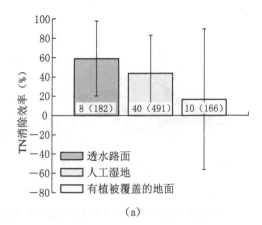

(a)

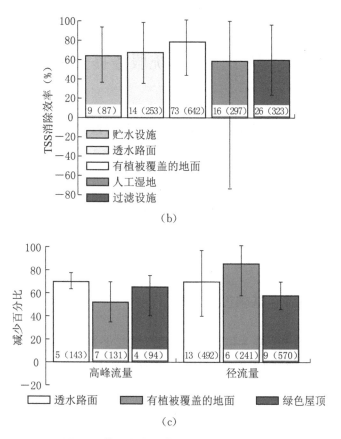

图 4.8 基于生态系统水文服务的雨洪管理

比",绿色基础设施比传统的灰色基础设施在雨洪管理方面更具优势。不过,该研究还指出,在应对极端暴雨事件时,同时使用绿色基础设施与传统工程设施相结合的方案将会使雨洪管理的效果更加理想。

综上,城市生态系统通过产生并传递全球气候调节、温度调节、空气净化和雨洪管理四项服务来缓解、适应气候变化影响。此处要说明,由于文化服务(比如娱乐休闲、美学价值)对气候变化韧性的贡献尚不明确,支持服务(比如初级生产和营养循环)是其他服务类型的基础且与气候变化韧性不直接相关,所以,尽管本研究承认这两类生态系统服务对于城市韧性增强的重要价值,但其均不在本节的分析范围中。

第四节 基于生态系统服务提升城市韧性

作为耦合的社会—生态系统,城市系统的韧性和可持续性的实现要求社会和生态动态之间的协同合作与共同进化。过去几十年的快速城市化进程使得生态环境保护与社会经济发展严重脱节,人类活动的干预又使得自然生态系统健康和为人类提供福祉的能力不断退化。生态系统服务提供了认识和协调人与环境之间复杂的互馈关系的重要工具,基于生态系统服务的方案对于缓冲和适应城市社会—生态风险具有极其重要的作用。

一、持续监测绿色基础设施动态

生态系统服务已成为培育城市对以气候变化为主的社会—生态风险的缓解和适应、实现城市韧性与可持续发展的有效途径,且有助于城市社会系统重新连接到自然系统中,通过将自然特征和自然过程应用应对社会—生态挑战中,进而从整体上改善人地紧张关系,促进城市社会环境适应生态风险,并提升经济、社会和生态等多重效益。生态系统服务将生态系统健康、气候风险缓解和适应,以及更广泛的人类福祉、城市可持续发展等目标联系了起来,揭示了社会和生态系统关系的互动与反馈影响,并且提供了增强城市气候韧性的基础任务和具体方式(Frantzeskaki, 2019),因此被认为是社会—生态视角下韧性途径为应对快速城市化和气候变化双重挑战问题提供的新策略和重要工具。利用生态系统服务促进了以更具成本效益、更公平的方式减缓和适应气候变化影响,可有效平衡城市复杂系统中社会、经济和环境等多种效益,并最终实现城市的高质量和可持续发展。

根据 MA 的调查结果,60%的生态系统服务正在被侵蚀或者以不可持续的方式被利用,这与长期以来城市治理重视工程技术开发而忽视生态因素直接相关。在以气候变暖为主的全球环境变化影响日益严峻的背景下，需要优先考量生态系统服务的充足、持续供应，以确保更加安全、宜居和可持续的城市。这就要求需要将持续关注和监测城市生态系统服务动态作为一项重要策略，因为生态系统服务动态不仅可显示生态和社会发展的博弈或协同关系，还因为城市的韧性不仅需要依靠生态系统服务来实现，还需要生态系统服务的持续稳定和多样化供应。此外，将生态系统服务纳入应对气候变化的工作中，以期通过生态系统服务持续、稳定的供给发挥自然系统对气候变化的贡献，还有助于城市系统有效平衡实现可持续发展目标的近期和长远目标，而这些目标实现的基础首先就是要对城市生态系统变动进行持续监测和密切关注。

二、将保护生态系统服务的能力作为干预城市发展的优先事项

尽管生态系统服务在应对和响应城市气候变化风险方面的潜力很大，可为空间规划提供理解和解决气候变化相关问题的分析框架，以及如何实施社会—生态治理手段等重要信息，是日益复杂多变的全球环境变化背景下城市实现可持续的创新理念和途径，不过，传统的城市治理或空间规划并没有将生态系统服务及其相关概念纳入其中。尽管传统的城市/空间规划关注人地关系及其空间影响，而城市规划对土地利用的安排直接决定了生态系统服务的可用性，但根据《千年生态系统评估》，近几十年来，全球生态系统服务能力一直在持续下降。事实上，并不是当前的城市治理决策没有关注生态问题，而是没有将生态因素作为急需解决的核心问题（Wilkinson，2012）。在当前气候风险日益凸显的背景下，生态系统服务无疑提供了一个增进城市社会—生态系统的气候韧性、塑造更加宜居的居住环境，以及推动城市向更可持续的发展轨迹转型的有效框架。随着生态系统服务的概念越来越多地出现在国际上，尤其是欧洲国家的政策话语和学术文献中，生态系统服务对于城市应对气候变化风险，甚至更广泛地，提升人类福祉的贡献和

潜在价值越来越得到证明。目前,这一概念也正从帮助理解人地相互作用的启发式模型过渡为明确的管理工具。最近的一些文章指出并详细讨论了生态系统服务这一概念对增强城市韧性(尤其是在气候变化风险背景下)的有效性,将生态系统服务纳入城市治理的决策中,通过影响城市发展过程中对生态和社会经济两方面的权衡,保障生态系统服务的充足、稳定供给,才能使当代空间规划的使命——管理地球未来的福祉,包括人类、非人类及其自然与建成环境——真正完成,才有助于城市的长期可持续发展(Ahern et al.,2014)。

基于生态系统服务增强城市韧性需要在城市治理决策中考虑生态系统服务的价值及其动态,尤其要保障生态系统服务的韧性供应。在以气候变暖为主要特征的全球生态环境日益严峻的背景下,城市需要一种能够解决这些挑战的新的治理范式和优先事项,城市发展过程中需要解决的重点问题应该由传统的开发建设转向平衡社会经济发展与生态环境保护上。因此,新的城市发展战略要以一种更加综合的系统性思维去理解并处理城市中复杂的社会—生态关系,以及当前面临的社会—生态挑战的成因及应对之间的相互联系和影响。纳入了生态系统服务的城市发展规划由于在决策过程中优先考虑了生态系统服务的重要性及其供需关系,将会更有助于促进城市对气候变化影响的针对性治理以及韧性和可持续性的增强,这一过程具体需要通过对提供生态系统服务的绿色基础设施合理布局实现。

三、统筹协调城乡生态系统服务的供需配置关系

除了持续、灵活地供应,生态系统服务的空间格局、供需关系、跨尺度互动等对城市韧性也具有重要影响,甚至有时候供需匹配和空间格局比其他方面的影响更大。比如缓解热岛效应的生态系统服务在农村景观中在很大程度上是多余的,但是这种服务又不能够"进口"到城市中心(Holt et al.,2015)。因此合理安排这些与韧性能力相关的生态系统服务的产生或供应的最佳位置是需要关注的现实问题。就本书所研究的沈阳市中心城区而

言,城市化进程使得这一区域的土地利用独立于当地传统的生态条件,城市的开发建设使得周边的农田和生态用地大规模被破坏,造成主城区内可供应的生态系统服务的数量和质量明显下降。但从需求侧来看,主城区内对维持气候韧性的生态系统服务的需求量通常更大,不仅因为主城区人口更多、更密集,还因为主城区暴露在气候风险中的可能性会更大。因此,生态系统服务产生和服务的空间格局对于城市对气候变化影响的缓解和适应至关重要(Grimm et al.,2008)。这是生态系统服务研究的重点关注问题,也将会是基于地理视角对生态系统服务的空间布局安排的重要贡献。

第五节　小　　结

城市社会—生态系统的韧性潜力依赖于多样化和稳定供应的生态系统服务。在以全球气候变暖为主的城市社会—生态风险日益凸显的时候,生态系统服务以其低成本、多效能的优势受到广泛重视。生态系统服务缓解和适应气候变化基于其在全球气候调节、温度调节、空气净化和雨洪管理方面的有效性。生态系统服务提供了认识和协调人与环境之间复杂互馈关系的重要途径,尽管简化了复杂的人地动态交互关系,但基于生态系统服务的方案无疑对增强城市社会—生态韧性的潜力很大,尤其考虑到其具有较高的"性价比"。然而,现有的城市发展策略尚未将生态系统服务纳入其中。为了将生态系统健康、气候风险缓解和适应,以及更广泛的人类福祉、城市可持续发展等目标联系起来,促进社会和生态系统关系的良性互动与反馈,并且提供增强城市韧性的具体策略,本章提出了要持续关注和监测城市生态系统动态、将生态系统服务纳入城市发展战略并作为优先事项,以及要统筹协调生态系统服务的供需与配置关系等建议。不过,尽管理论上可行,如何将这些建议转化为实践应用仍然是一个难题,需要进一步探索。

第五章
城市韧性的测度和评估

    城市韧性的测度评估是这一理论走向实践应用的关键,也是当前和未来本领域的重要研究议题。尽管自 2000 年以来关于城市韧性的研究迅速增多,但城市韧性定量评估还很欠缺,尤其是国内在城市韧性的评估框架、方法和指标等领域的研究还很不足,亟待深入探讨。

第一节　城市韧性评估研究概况

一、研究进展

    城市韧性评估研究还是一个较新的领域,如何系统性测度和评估城市韧性目前学界尚未有统一的意见。韧性联盟(Resilience Alliance)认为城市韧性整体的研究框架应该由治理网络、代谢流、建成环境和社会机制这四个方面组成(Yamagata et al.,2018)。还有学者强调社会/社区的公共管理能力(具体表现为社会倡导力、社会能动力和社会包容性)对于塑造城市在灾害中的韧性具有重要意义(Omer et al.,2009)。贾巴瑞恩(Jabareen)构建了面向实践的城市韧性研究的概念框架,该框架包含脆弱性分析、城市治理、防护和规划应对不确定性四个部分,他认为脆弱性分析对于韧性研究十分关键,只有熟知城市面临的风险才有可能制定针对性应对方案,而脆弱性分析的目的在于确定城市面临的风险扰动的种类、强度以及空间分布等特征。城市治理是为了探讨实现韧性的管治方法，由于城市是开放的系统，所以其信息交流以及利益相关者的合作对于城市系统能否保持韧性很关键，这就要求治理手段要起到积极的促进作用，否则系统就不能及时有效地应对其所面临的不确定威胁。防护的意义在于通过思考当地的具体特征来整合各种有效途径，而不是简单地摒弃原有的工程防护措施。最后，在面向不确定性的规划中要考虑和纳入多重不确定因素，并通过适应性规划的形式安排城市规划设计工作。

山形和谢里菲（Yamagata and Sharifi，2018）建议从环境与生态、社会与福祉、经济发展、建成环境与基础设施、治理与制度 5 个维度出发建立韧性评估指标体系，并选取生物多样性、人口构成、就业与社会福利、重要基础设施的鲁棒性和冗余性、领导和参与等具体指标进行表征和定量测度。埃亨（Ahern，2011）将韧性分解为多样性、连通性、分散性和自给自足性等代理属性，通过建立代理属性和系统结构或功能之间的联系，将这一抽象概念转化为易于理解和测度的指标。孙阳等（2017）、张明斗等（2018）、陈晓红等（2020）也基于生态、经济、社会、工程/基础设施 4 个维度构建综合评价指标体系。

整体而言，尽管不同学者看待城市韧性的角度不同，但在评估时考虑的实质性内容却相差不大（Tierney and Bruneau，2007）。在社会—生态系统框架下，城市韧性追求不同于以往倚重物质环境构建和维护的单一目标，而是基于这个庞大的巨系统面临多重不确定性的情况下，特别强调应对风险挑战的反应和协调能力，以及对社会体系的营建和维护。这种能力建立在多个利益相关者（比如政府、各种组织机构、民众）相互合作的基础之上，同时很多其他的社会因素，比如社会制度、社会特征、社会学习、社会资本等均起到关键的约束作用。不过，将城市韧性放置于更广阔的社会—生态框架下，现有研究对社会与生态之间的相互作用即人地关系的协调发展等关注明显不足。

关于城市韧性的定量化方法目前还不多见,尤其是社会—生态视角下城市韧性的定量评估研究。现有成果多基于工程视角展开,主要关注基础设施的抵抗力或抗毁性。邵亦文和徐江等指出城市基础设施韧性不仅是建成结构和设施脆弱性的对立面,同时也涵盖生命线工程的畅通程度和城市社区的应急反应能力(Rockefeller Foundation and ARUP)。类似地,布鲁诺(Bruneau)等学者也认为基础设施韧性主要靠城市基础设施系统(比如城市生命线系统)对风险灾害的应对和恢复能力来衡量,因此,他按照地震工程研究中心对韧性的界定,提出将韧性表征为系统机能的函数来进行城市韧性定量评估。这项研究对城市地震灾害韧性评估具有重要影响,奠定了系统韧性定量评估的基础。之后还有学者基于布鲁诺提出的基础设施韧性曲线函数,进一步构建了基础设施韧性定量化评价的"三阶段"模型(Satterthwaite,2013)。除上述方法外,还有学者利用信度函数、目标函数等测度基础设施网络(比如高速公路、电路、供水系统和信息网络)的韧性(刘志敏等,2018;Davoudi et al.,2009;Sassen,2011;Wildavsky,1988)。

韧性评估的另一个重要特征是多采用混合多元的方法。常用的方法包括质性分析法(Silva et al.,2020)、层次分析法(Ciobanu and Saysel,2020)、定量建模(赵丹阳等,2017)、统计分析和指数分析法(Zhang et al.,2020)等。另外,最近的研究还纳入了利益主体参与式评价和行为研究(Hosseini et al.,2016;Kovács et al.,2021)。整体来看,韧性评估构建起科学研究和政策实践之间的联系,最早应用于应对社会制度调整、环境风险,以及物质基础设施抗干扰能力的研究中(Romero-Lankao and Gnatz,2013;陈佳等,2016)。随着全球气候变化影响日益严峻,将韧性的评估研究应用于城市/区域发展与治理过程,通过揭示自然生态与社会要素之间的互动与反馈作用,将更灵活有效的适应性策略纳入缓解和适应气候风险方案中,有助于从根本上改善人地紧张关系、促进城市/区域的可持续发展转型

（Barrett and Consta，2014；史培军等，2019）。

二、现有研究述评

　　韧性是系统的涌现属性,具有复杂性、非线性、随系统动态持续变动的特征。由于韧性是一个综合性很强的概念,因此城市韧性不可基于单一指标表征,现有研究大多选取了城市系统属性中与韧性能力相关的多个特征作为衡量城市韧性的指标。尽管取得了长足进展,现有成果也存在一些问题。

　　现有研究对城市韧性的评估要么仅侧重城市系统某一个维度,要么同时关注多个维度。事实上,无论是单一维度还是多个维度,这样的分法造成了将城市复杂系统分解成多个子系统而分别评价的后果。由于韧性是城市复杂系统的一种涌现性,单独的子系统或某一维度对复杂性机制的表达并不明显,城市韧性强调通过城市系统各组成要素之间可能的协同和权衡作用来决定城市整体的韧性潜力,所以并不是各维度韧性的简单加和,而是一种整体性的能力,所以在具体操作中应该尊重城市这一复杂系统整体性的基本事实,考虑以更具"系统性"的思路和手段来研究城市复杂系统。

　　评估方法方面,现有评估指标相对繁杂且缺乏系统性考量。由于不同案例区面临的风险挑战及其发展演化动力不同,韧性评估指标体系设计不仅需要系统性,还需要因地制宜。因此要选取影响系统发展的关键指标,且指标要体现动态、可操作性而非仅表征结果,比如可选取社会参与、制度创新等。就具体数据和方法而言,遥感数据、夜间灯光影像、兴趣点等新数据可作为传统统计数据的补充验证,景观格局指数、网络分析、模型构建等多种方法的集成使用,也为定量刻画和揭示城市系统的发展演化过程提供了更精准有效的基础。

　　在研究尺度上,现有研究多关注城市、乡村或社区尺度的韧性,较少关注区域尺度。现有研究也缺乏长时间跨度的系统韧性演化分析,这就可能造成难以针对性地深度剖析系统韧性的驱动机制。

综合国内外学者的观点,韧性城市具有多元性、适应性和灵活性、冗余性等特征。城市韧性评估要充分考虑城市在不确定环境中的自我调整、适应能力,这种能力不仅体现在城市对风险灾害的应对上,也需要将韧性理念融入城市发展运行的全过程,比如制度创新与社会参与。

第二节　城市韧性评估指标与方法

韧性是系统的涌现特性,复杂、非线性且随系统的变动而处于动态变化中。在城市韧性被提出之前,相关学者对系统的韧性特征做了分析,比如威尔德夫斯基(Wildavsky)指出韧性系统应具备如下特征:动态平衡、包容性、高效流动、扁平化、缓冲能力、适度冗余(Todini,2000)。城市作为一个复杂的巨系统,其韧性特征与系统韧性特征基本一致。埃亨(Ahern)认为韧性城市应该具备多功能性、冗余性和模块化、多样性、连通性以及适应性(Gleeson,2008)。还有学者提到多样性、适应性、模块化、创新性、迅捷的反馈能力、社会资本以及生态系统服务能力是城市实现并保持韧性的重要特征(Fleischhauer,2008)。城市韧性特征的确定不仅有助于更好理解城市复杂系统及其韧性综合特性,还有助于开展城市韧性的评估工作。韧性评估也是这一概念由"隐喻"向可操作化理论转变的关键,而根据韧性特征构建指标体系也是首要事项。山形和谢里菲建议从材料与环境资源、社会和福祉、经济、建成环境与基础设施、治理与制度这五个方面进行城市韧性评估,这五个方面可充分展示城市系统的复杂性,然后每个方面再详细选取诸如鲁棒性、稳定性、灵活性、足智多谋性、协调性、预见性、独立性、连通性和相互依赖性,合作能力、敏捷性、适应能力、自组织能力、创造力和创新、效率、公平等指标准则,具体如表5.1示(Yamagata and Sharifi,2018)。

表 5.1 城市韧性评估的维度及准则

维　度		准则/变量
材料和环境资源		生态系统监测与保护,使用当地材料和物种,侵蚀保护,湿地和保护,资源可用性和可达性,减小环境影响,资源质量,生物多样性及野生动物保育,材料资源管理
社会和福祉	社会经济特征	人口构成,语言能力,小汽车保有量和机动性,驾驶技术
	社区约定、社会支持和社会制度	社会网络中的志愿精神和公民参与,集体记忆,知识和经验,信任、互惠规范,共享资产,强大的国际公民组织,地方依恋,社区意识和自豪感,冲突解决机制,赋予弱势群体权利,社会保障体系
	安全和福祉	预防和减少犯罪,安全服务,身体和心理健康,疾病预防措施,响应健康措施
	公平和多样性	性别规范与平等,少数民族平等和参与,不同文化背景的劳动力多样化,体面、公平地获得基本需求、基础设施、服务
	地方文化和传统	恢复经验和向过去学习,文化、历史保护和对土著知识、传统的认识,考虑、尊重当地文化和特色、积极的社会文化和行为规范
经济	结构	就业率及就业机会,收入和贫困,劳动人口年龄结构,劳动适龄人口,具有高技能和多种技能的个体及其识字率,工作密度
	安全与稳定	个人及社区储蓄,集体所有的资产,业务缓解、响应和重新开发计划,保险和社会福利,金融工具
	活力	对内投资,绿色就业和绿色经济投资,区域和全球经济一体化,业务合作,多元化的经济结构和生计策略,公私合作,私人投资,当地企业,当地劳动力市场供需平衡
建成环境和基础设施	重要基础设施的鲁棒性和冗余	关键基础设施和设备冗余,稳健性,重要基础设施空间分布,关键设备的巩固和合作,空间和设施多功能,避难所、救济设施和服务
	基础设施效率	关键基础设施定期监控、维护和升级,建成环境改造、更新和翻新,推广有效的基础设施
	智能基础设施	多样化和可靠的信息通信技术网络,应急通信基础设施

续　表

维　度		准则/变量
建成环境和基础设施	交通设施	运输容量、安全性、可靠性、连通性和效率,多式联运网络和设备
	土地利用和城市设计	基本需求和服务的可达性,居住地选址,城市形态,混合用途开发,街道类型和连通性,开发密度,公共空间和设施,蓝绿基础设施,不透水地面占比,美学、视觉品质和可步行性,基于景观的自然冷却、加热、照明
治理和制度	领导和参与	强势领导,政治稳定,共享、更新和综合的规划愿景,透明度、问责制,基于多方利益相关者的规划和决策,分散责任与资源
	资源管理	有效资源管理,应急人员,紧急应变及复原技能的人员
	应急和恢复规划	将风险降低和韧性纳入发展计划,制定气候变化和环境政策及计划,了解风险模式和趋势,持续的风险评估,应急规划和应急操作中心,更新应急规划,减灾规划,预警、疏散信息获取,将流动人口纳入规划,恢复速度,监测规划,更新相关数据库
	合作	跨部门协作和组织间合作,知识和信息共享
	研发	创新和技术更新,风险以及学术社区合作研究
	规范/执行	立法的有效性和执行、非正式住区管理
	教育与培训	需求管理,教育、培训、沟通,演习,对所有语言群体的教育,提升能力和意识,鼓励减缓和适应的激励措施

　　上述评估框架虽然较全面地展示了韧性城市该具备的特征,不过实际操作中需要大量且难以获取的数据资料,因此目前仅停留在概念框架,并未进行实证验证。另外需要指出的是,虽然作者确定了城市韧性评估的标准,但是在实证研究中的城市韧性评估一定要结合所研究城市的具体实际情况,这样才能保证评估工作为决策制定提供指导。

　　此外,费利西奥蒂(Feliciotti)等提出了城市韧性和城市形态之间的关系,认为韧性城市的形态特征具有多样性、冗余、模块化、连通性和高效率这五个特征(Feliciotti et al.,2015)。其他学者的研究以鲁棒性、冗余性、智慧性、迅速性四个特征建构指标体系评价城市应对洪水灾害的韧性,基于社会韧性、经济韧性、制度韧性、基础设施韧性这四个方面评价社区的韧性(Davoudi et al.,2009)。

整体而言,韧性是一个综合性很强的概念,因此城市韧性不可基于单一指标表征,现有研究大多选取了城市复杂系统属性中与韧性能力相关的多个特征作为衡量城市韧性的指标。尽管具有一定参考价值,现有研究在城市韧性评估中也存在一些问题。首先,这些研究对城市韧性的评估要么侧重城市系统的一个维度,要么同时关注多个维度。事实上,无论是单一维度还是多重维度,这样的分法无疑会造成将城市复杂系统分解成多个子系统,通过对这些子系统的韧性进行分别评价,然后再对多个结果进行合成。然而,由于韧性是城市复杂系统的一种涌现性,单独的子系统或某一维度对复杂性机制的表达并不明显,城市的韧性属性尤其应强调通过城市系统组成要素之间可能的协同和权衡进而决定城市整体的韧性潜力,并不是各维度韧性的简单加和,而是一种系统性的能力,所以在具体操作中应该尊重城市复杂系统整体性的基本事实,考虑以系统性的思路和手段研究城市这一复杂系统。

另外,综合多位学者的观点,韧性城市大致具有如下特征:第一,多样性,尤其是城市功能的多样化,包括受到灾害冲击后反应多样、城市社会—生态系统构成要素多元及其在不同尺度所具有的跨尺度联系等。第二,适应性和灵活性,具体体现在城市物质环境和社会制度组织方面。第三,冗余性,城市重要功能和关键设施的重叠备份,保证城市无论在任何情况下都能够正常运行,不至于因突发灾害而中断。此处需要强调的是,开展城市韧性评估要充分考虑城市在不确定环境中的自我调整能力,这种能力不仅体现在城市对风险灾害的应对上,还应当将韧性理念融入城市发展运行的各个过程(Xiao et al., 2011；De Vries，2006)。

第三节　城市韧性的定量测度

　　城市社会—生态系统通过协同多功能生态系统服务而提升了城市整体的韧性水平。以应对气候变化风险为例,绿色基础设施通过提供全球气候调节服务、温度调节服务、空气净化服务和雨洪管理服务这四类服务,进而来缓解和适应多重气候灾害影响。这是社会—生态韧性理论应用于响应和应对城市气候变化风险挑战的重要实践。除此之外,生态系统服务还可提供非灾害相关的生态系统服务,比如文化美学服务,因此可从整体上引导城市发展路径向更可持续的发展轨迹转型。

　　城市生态系统提供服务的能力与人类活动的影响和干预息息相关。对生态系统服务能力的定量化评估是深入了解城市社会—生态系统韧性潜力,以及科学制定生态系统治理决策的重要依据。本节内容通过对多种生态系统服务类型进行定量化测度,并分析其时空演变特征,以期深入理解并推进研究区韧性能力从理论研究到决策应用的深入。由于数据获取的限制,本节关于多功能生态系统服务主要考虑其全球气候调节功能、温度调节功能、空气净化功能和雨洪管理功能四种服务类型。生态系统服务可同时提供多种服务类型以缓解和适应气候变化影响。具体地,缓解服务通过减少温室气体排放、扩大碳汇来发挥作用,适应服务通过保护和维持城市居民在面对气候变化风险时所需的降低气温、净化空气和减小径流等功能方面所发挥的作用;另外,适应服务还对预期气候变化的负面影响(比如在遭遇更强暴雨、更频繁的高温热浪等)具有最大限度的缓解作用。

　　选取碳存储和固定、降温贡献度、O_3 干沉降速率和地表径流系数这4个指标分别表征城市生态系统的全球气候调节、局地温度调节、空气净化和雨洪管理能力。各指标的相关属性描述具体见表5.2。

表 5.2 研究数据来源及指标描述

服务类型	测度指标	指标作用	数据来源
气候调节	碳存储和固定	正向	Landsat 遥感影像、IPCC 碳密度数据集
温度调节	降温贡献度	正向	Landsat 遥感影像
空气净化	O_3 干沉降速率	正向	Landsat 遥感影像
雨洪管理	地表径流系数	负向	Landsat 遥感影像、DEM

一、碳存储与固定

生态系统可通过将二氧化碳储存在植物、其他生物质和土壤中来减少大气中的温室气体含量进而缓解全球气候变暖的影响。利用 InVEST 模型可测算生态系统的固碳服务能力,基本原理是根据研究区的土地利用状况和四个碳库(地上生物量、地下生物量、土壤、死有机物)的碳储量来估算当前景观可能的碳储量或者一段时间内的碳固定量,具体计算公式为:

$$C_{tot} = C_{above} + C_{below} + C_{soil} + C_{dead} \tag{5.1}$$

式中,C_{above} 表示储存在地上生物量中的碳量,C_{below} 表示储存在地下生物量中的碳量,C_{soil} 表示储存在土壤中的碳量,C_{dead} 表示储存在死亡有机物中的碳量。碳量值由碳密度与相应碳库面积乘积所得。不同土地利用类型的碳密度根据 InVEST 模型数据库查表获取(Staddon et al.,2018)。

二、降温贡献度

城市的土地利用与其热环境分布格局密切相关。已有研究通过建立土地利用类型和地表温度的函数关系表明,不同的土地利用格局及其变动对地表温度的影响不同,这是由于不同的土地利用类型/覆盖对热量的辐射和吸收程度不同,因此造成的城市热环境效应也不一样(孙宗耀等,2018)。本研究采用降温贡献度来评估不同土地利用类型对局地温度调节的能力。具体计算中,对不同用地的降温贡献度赋值借鉴了伯克哈特等(Burkhard et al.,2012)的研究成果。

三、O₃ 干沉降速率

干沉积是大气污染物被消除的主要过程之一,指在没有降水的情况下,湍流运动使得污染物在大气中输送扩散过程中不断被陆面、水面和植被等吸收,进而发生持续向地面迁移的过程。干沉积过程在降水较少的地区尤其具有重要作用,比如能够净化空气(张艳等,2004)。干沉积过程通常基于干沉积速率和干沉积通量来描述,其中的干沉积速率表征污染物清除的能力。气体干沉降速率的计算公式为:

$$V_d = \frac{1}{R_a + R_b + R_c} \tag{5.2}$$

式中,R_a、R_b 和 R_c 分别代表空气动力学阻力、片流层阻力和接受表面阻力。三个参数的具体取值参考皮斯托基等(Pistocchi et al.,2010)的计算方法。综合考虑研究区的空气污染物种类(主要为 PM2.5 和 O₃)以及数据的可获取性,本研究选取 O₃ 干沉降速率来反映城市生态系统的空气净化服务能力。

四、地表径流系数

地表径流系数指的是任意时间段内的径流深度或总量与这一时间段内降水深度或总量的比值,也即降水量转化为径流量的比例。该系数是流域内自然地理要素对降水和径流的综合影响。由于实测的地表径流系数不易获取,本研究借鉴了基于遥感影像的地表径流获取方法(见图 5.1)(刘兴坡等,2016)。具体过程如下:首先,应用 ArcGIS 软件对 1995 年和 2015 年的两期遥感影像分别进行汇水区划分、土地利用分类、DEM 分析和叠置分析,获取到不同土地利用类型和坡度条件下的面积权重;然后,根据《场地规划与设计手册》中整合坡度之后的合理化径流系数对相关类型区赋值;最后,即可获得本研究所需的地表径流系数(Frantzeskaki et al.,2019)。

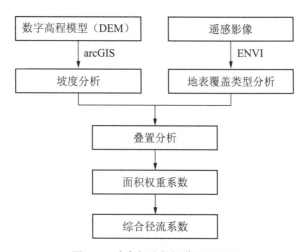

图 5.1　地表径流数据获取流程图

第四节　城市韧性潜力的空间格局与演变规律

依据上述四个指标所需的数据和计算过程,得到了研究区的全球气候调节、温度调节、空气净化和雨洪管理四项生态系统服务在 1995 年和 2015 年的空间分布情况,如图 5.2 所示。

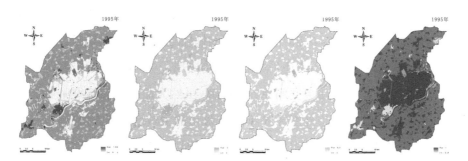

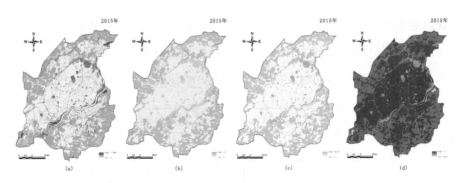

注：(a)碳封存；(b)温度调节；(c)净化空气；(d)雨洪管理。

图5.2　生态系统服务供应空间格局

一、空间格局特征

沈阳市中心城区1995年和2015年城市生态系统提供的全球气候调节、温度调节、空气净化和雨洪管理这四项生态系统服务的空间格局大致呈现出较为相似的中心—外围分异特征。尽管中心—外围结构的空间范围大小不同，但空间格局具有明显的相关性，中心区提供服务的能力较弱，而外围区提供服务的能力较强。这是由于不同生态系统服务的产生均需要自然植被，居于城市中心位置的主城区其自然植被无论是数量、规模还是多样性均不足；相对而言，外围区域自然植被的数量、面积、多样性都较大。进一步，可根据各项生态系统服务提供能力较强和较弱的单元在空间上是否具有一致或差不多的位置来大致判断这四项生态系统服务之间存在协同效应，即某一种生态系统服务提供能力强的区域提供其他种类生态系统服务的能力也强，这与哈泽(Haase)等学者对类似生态系统服务组合的研究结果相一致。因此可推断，就应对气候变化风险而言，城市中心区的气候韧性能力要小于外围地区。

另外，无论是城市中心还是近郊边缘均出现了可同时提供种类多样、供应量丰富的生态系统服务空间单元。因此，虽然大面积生态系统服务提供能力强的区域处于城市外围区域，但其在城市的主城区也有点缀分布，在城市中心服务能力强的大面积斑块大致位于西湖风景区、长白岛森林公园、北陵公园以及棋盘山附近。到 2015 年时,受城市化进程中人工开发建设的影响,自然和半自然区域被大量侵吞或严重破坏,因此,生态系统服务能力较弱的中心范围显著扩大,而外围生态系统服务能力较强的区域范围因此变小,并且变得更加破碎和复杂,原有点缀于城市中心的服务能力较强的斑块面积也明显变小。此时,研究区生态系统服务能力较为突出的空间单元散布在大型城市公园和浑河沿岸规模较大的绿地附近。

二、时空演变特征

将各项生态系统服务提供水平按照由弱到强分为 5 个等级,分别统计各等级的面积占比情况并比较其在 1995 年和 2015 年的变化,结果如图 5.3 所示。由图可发现,首先,各项生态系统服务能力均下降,并且面积占比最大的生态系统服务类型其服务水平等级均降低。其次,各项生态系统服务提供水平内部增减变化不一致,全球气候调节服务由于较强和较弱等级"两极"面积占比均增大,且居中等级的面积占比减小,因此服务能力内部差异变大;相较而言,局地温度调节服务和空气净化服务内部差异变小;而雨洪管理服务则变化不大。再次,局地温度调节服务和空气净化服务等级的演变轨迹类似,服务提供能力下降最明显。最后,雨洪管理服务提供能力的演变发生在较低等级之间并且较高等级的演变特征不明显外,而其他服务提供水平的演变都发生在较高和较低等级之间。

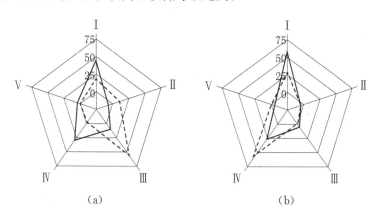

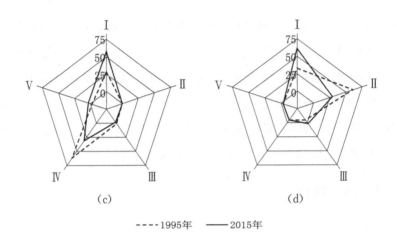

注:(a)碳封存;(b)温度调节;(c)净化空气;(d)雨洪管理。

图 5.3　各项生态系统服务供应占比及其变化

　　综上,1995—2015 年沈阳市中心城区关于全球气候调节、局地温度调节、空气净化、雨洪管理这四项生态系统服务的提供水平,其空间格局相类似并表现出明显的空间分异特征,而且 20 年来,由于快速城市化进程对自然生态系统的破坏与挤压,四项生态系统服务提供能力均下降。多种生态系统服务提供能力在城市中心区较弱,而在外围区域则较强,因为外围地区自然生态系统在绿色基础设施的数量、规模和多样性方面表现较好。各项生态系统服务的提供能力在 20 年间的变化表现为提供能力较弱的中心区区域面积显著扩大,而外围服务能力较强的区域范围变小且变得破碎化和复杂化。原有服务能力突出的中心斑块面积也明显变小,区域范围由西湖风景区、长白岛森林公园、北陵公园,以及棋盘山附近转向主城内大型城市公园及浑河沿岸规模较大的绿地附近。从各项生态系统服务面积占比演变情况来看,面积占比最大的服务类型其等级均降低;各生态系统服务能力内部差异变化不一致,全球气候调节服务内部差异变大,局地温度调节服务和空气净化服务内部差异变小,雨洪管理服务则变化不大;局地温度调节服务和空气净化服务的等级演变的轨迹相类似,并且服务能力下降最明显;除雨洪管理服务能力的演变发生在较低等级之间且较高等级的演变特征不明显外,其他服务的演变均发生在较高和较低等级之间。此外,由于研究所选取的各项生态系统服务均与调节服务相关,所以各项服务的演变过程中并未发现明显的权衡关系,相反地,协同效应比较明显。

基于生态系统服务实现城市社会—生态韧性的发展目标离不开对生态系统服务供应能力的了解与干预行动。通过对沈阳市中心城区多种生态系统服务供应能力 20 年间的变化测度与空间化表达,整体上从多种生态系统服务表征的城市社会—生态韧性能力来看,主要考虑应对气候变化挑战,研究区的韧性水平在下降,主要是城市不透水地面的增加,以及自然生态系统的破碎化造成绿色植被和湿地水域面积减小所致。受限于数据获取难度,本章仅基于供给侧的生态系统服务作为韧性潜力的表征并进行测度及演化分析,尚未对多种生态系统服务的需求端及时空供需匹配程度进行定量分析。不过,根据研究区的土地利用性质基本可推测其时空需求匹配程度较差,因为人口分布密集的居住、商业和办公区均位于城市的中心位置,这些位置的生态系统服务需求量大但供给能力较差,而城市外围区域则相反。因此,为保障城市系统的韧性,确保生态系统服务无论在何种情况下都能充足供应,十分有必要将生态系统服务相关内容纳入城市可持续发展策略中,通过生态空间建设和景观格局调整等手段促使生态系统服务的供给和需求相匹配。不过,就目前实际来看,这些都还未纳入城市规划治理的过程和决策中,需要引起重视。

第五节　小　　结

韧性是系统的涌现特性,具有复杂、非线性的特征,且随系统的变动而处于动态变化中,城市韧性不可基于单一指标表征。现有城市韧性评估研究大多选取了城市系统的属性中与韧性能力相关的多个特征作为衡量城市韧性的指标,存在仅聚焦单一维度、诠释了韧性的部分含义、缺乏整体性和系统性考虑等局限性。另外,在韧性评估方法方面,现有评估指标相对繁杂且缺乏系统性考量。由于不同案例区面临的风险挑战及其发展演化动力不同,韧性评估指标体系设计不仅需要系统性,还需要因地制宜。建议选取影响社会—生态系统发展的关键指标,指标要体现动态、可操作性和过程性,比如社会参与、制度创新。就具体数据和方法而言,遥感数据、夜间灯光影像、兴趣点等新数据可作为统计数据的补充验证。景观格局指数、网络分析、模型构建等多种方法的集成使用,也为定量刻画和揭示城市群社会—生态系统的发展演化提供了更精准有效的基础。在研究尺度上,现有研究多关注城市、乡村或社区尺度的韧性,较少关注城市群、城市社区尺度。随着区域人口和资源流动愈加频繁,资源环境和生态系统压力增大,开展多尺度城市和区域的韧性评估并提出相应治理建议重要且紧迫。

第六章
城市韧性与适应性治理

本章引入景观这一分析透镜以及城市韧性的代理属性:多样性、连通性、分散性和自给自足性,建立起城市景观特征和城市韧性代理属性之间的联系,应用景观生态学方法与工具,对城市韧性属性进行定量测度,并分析其时空格局及发展演变规律,在此基础上,提出城市应对气候风险的适应性治理策略建议。

第一节　城市景观与城市韧性

快速城镇化进程在聚集优质资源和促进社会繁荣方面发挥着重要作用,但同时也正以复杂、不可察觉的方式在世界范围内加速人居环境恶化(Schewenius et al., 2014)。日趋致密化和不断蔓延的不透水地面促使现代城市滋生出诸多不安全和不可持续性因素,叠加全球气候变暖的影响,使得当前城市面临的不确定性大大增加(Wu, 2014;Walker and Salt, 2006)。从日益频繁的极端气候事件到各种自然和人为灾害,甚至是交通拥堵和空气污染等城市病,使得暴露其中的城市经受着永久性创伤和日常性混乱。目前超过一半的人口居住在城市,在可预见的未来,这一状况还将继续增长。因此,增强城市的韧性和可持续性已成为当务之急(Adger et al.,

2005；Sharifi et al.，2017；Ahern，2013）。

韧性是系统以多种方式对抗风险扰动以及能够及时从不利影响中恢复的能力（Holling，1996；Davoudi et al.，1964）。近十几年，韧性变成了一个时髦词，越来越多地出现在多个学科领域的理论研究与实践应用中。城市韧性研究尤其引起学界的广泛关注（Nunes et al.，2019；Collier et al.，2013）。不过，广泛使用也使韧性的综合性和模糊性本质更为凸显，不仅引发了争议，也逐渐使得这一术语变成一个万金油概念（Meerow et al.，2016；Grafakos et al.，2016）。

系统韧性的常见研究视角包括工程、生态和社会—生态三个视角。工程视角下，韧性最为显著的特征是效率和持久性，在防灾减灾相关研究和实践中被广泛应用。在生态视角下，韧性可理解为一种适应性，能够使得系统经历风险但基本结构、功能和身份保持不变，生态韧性在灾害管理和生态系统保护研究中使用较多。社会—生态视角的韧性兴起于全球气候变化日趋严峻的背景下，在更广泛的社会—生态系统理论框架下，韧性主要关注社会和生态要素的良性互动及其跨尺度相互作用，是增强社会—生态系统的适应能力并促使其向可持续轨迹转型的关键。因此，社会—生态视角下的韧性理念为城市系统实现高质量和可持续发展提供了有效思路和途径（Meerow et al.，2016；Quigley et al.，2018；Colucci，2012）。在 SESs 理论框架下，城市系统长期的发展和演化离不开社会和生态要素之间的协调合作和相互促进，因此城市需要对社会和生态要素进行综合考量和配置，进而促使城市实现健康、可持续的发展（Panno et al.，2017；Reis and Lopes，2019；McPhearson et al.，2015；Grafakos et al.，2016）。随着城市系统面临的快速城镇化和环境变化挑战越来越严峻，社会—生态视角的韧性理论为城市系统迈向更加安全、宜居和可持续发展的道路提供了重要指引（Romero-Lankao et al.，2016；Mehmood，2016；Zaidi and Pelling，2015）。

现有研究表明，城市景观的组成、配置和动态与城市韧性有着密切的联系（Ahern，2013；Angeler and Allen，2016；Lu and Stead，2013）。景观作为城市中自然和人为活动共同塑造的复杂系统,是城市系统发展演化的重要透镜。科学合理的景观格局配置对于缓冲风险灾害影响具有重要作用,同时也有助于城市从灾害影响中迅速恢复。在社会—生态系统框架下,布局合理的社会景观(在一定程度上反映城市社会组织和社会资本的潜力)和生态景观(提供生态系统服务)有利于社会适应性和生态效益协同发挥作用,这对于调和慢变量风险扰动、促进城市可持续转型具有重要作用(Zhai et al.,2015;Su,2017;González et al.,2018)。另外,景观特征可通过景观生态学的工具和方法进行直观的可视化表达,如借助景观指数,而景观生态学跨学科的属性、关注格局—过程关系、注重尺度效应等,又有助于城市韧性机制的深层次解读和呈现(Cote and Nightingale,2012)。因此,城市韧性研究中引入城市景观这一视角,使得这一抽象概念的测度、解释和可视化呈现都变得容易;而景观反过来又可作为透视城市动态变迁的有效空间,也是城市规划治理实践干预城市韧性的重要载体。

简言之,城市韧性可以反映并会受到城市中社会和生态力量的相互作用和反馈,城市景观为城市韧性的定量化测度和实践应用提供了有效媒介。本章提出了一个基于景观的城市韧性的定量化和操作化框架,以景观作为城市韧性研究的透镜,通过建立城市景观特征与韧性潜力之间的联系,将韧性转化为可测度的景观指标,进一步基于景观指标值来反映城市韧性的空间格局与演变特征,为丰富城市韧性的定量化研究体系以及城市社会—生态系统的韧性规划治理实践提供基础和参考。

第二节　案例区概况及景观特征

一、概况

本研究的案例区为沈阳市中心城区。沈阳市(北纬 41°48′11.75″、东经

123°25′31.18″)地处中国东北亚地理中心、辽宁平原中部,南连辽东半岛,北依长白山麓,是辽宁省的省会城市,也是中国副省级城市和东北地区的经济、文化、商贸和交通中心。沈阳下辖和平区、沈河区、皇姑区、大东区、铁西区、浑南区、于洪区、沈北新区、苏家屯区、辽中区共 10 个区。沈阳的地势东北高、西南低,北部为丘陵,向西、南逐渐过渡到冲积平原(见图 6.1)。市内平均海拔约为 50.5 m,最高海拔处在大东区,为 65 m;最低处海拔处在铁西区,为 5 m;皇姑区、和平区和沈河区海拔略有起伏,大致高度为 41.45 m。沈阳属于温带半湿润大陆性气候,年平均气温在 6.2 ℃—9.7 ℃之间。受季风气候的影响,降水主要集中在夏季(年平均降雨量作为 716.2 mm),四季分明,温差较大,冬寒时间较长,春秋两季持续时间短但气温变化迅速且明显。市域内主要有辽河、浑河、蒲河、柳河等 27 条河流,属于辽河、浑河两大水系。

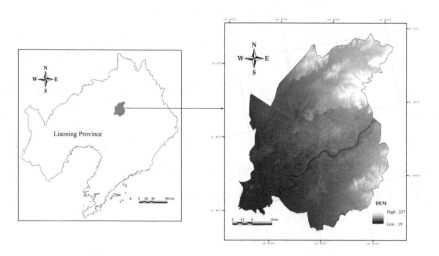

图 6.1 研究区

沈阳市具有优越的区位条件,也是东北大区的铁路枢纽之一。京哈、沈大路、沈吉、沈丹、沈佳、沈山和哈大高铁等多条铁路干线交汇于此。沈阳还是东北振兴以及辐射东北亚国际航运物流中心,是长三角、珠三角、京津冀地区通往关东地区的综合交通枢纽,也被认为是"一带一路"向东北亚、东南亚延伸的重要节点。作为新中国成立初期国家重点建设起来的以装备制造业为主的全国重工业基地之一,沈阳市发展基础雄厚,工业门类齐全,是东北地区最大的区域性中心城市、最先进的装备制造业和科技创新中心,尤以汽车及零部件、建筑产品、农副产品加工、化工产品制造业、钢铁及有色金属冶炼及压延业为优势产业,是国家新型的工业化综合配套改革试验区,也是工业化和信息化"两化"融合示范区,当前正全力建设国家级中心城市、先进装备制造业基地和生态宜居之都,全面推进老工业基地全面振兴。另外,沈阳市文化底蕴深厚,自古便有"一朝发祥地,两代帝王城"之称。现存有清故宫、福陵、昭陵 3 处世界文化遗产和张氏帅府等 1 500 多处历史文化遗迹,被列为国家历史文化名城。

近年来,东北地区人口外迁现象严重,但沈阳市的人口却是逐年上涨,成为东北地区新型城镇化过程的最大载体。2015 年,沈阳市常住人口约829.1 万人,面积为 12 860 km²,城镇化率达 80.55%;其中,中心城区人口达515.2 万人,面积是 1 353 km²。由于城市规模不断外扩和城镇化速度持续加快,城市景观也发生了剧烈变化,人地矛盾及并发问题日益突出。受全球气候变暖的影响,热岛、洪涝、暴雪等灾害近年也明显增多。

二、景观分类结果

本研究使用的土地利用原始数据来自 1995 年和 2015 年两期 Landsat遥感影像(数据分辨率为 30 m,条带号是 119/31)和谷歌地球影像(数据分辨率 1995 年为 14 m, 2015 年为 3 m)。为了保证数据的可靠性,结合《沈阳城市总体规划》和《沈阳城市总体规划修编》中沈阳市中心城区土地利用现状,对上述矢量化后的影像数据进行了修正和补充。具体的数据处理过程见图 6.2。

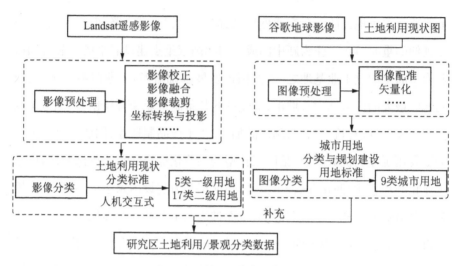

图6.2　数据获取及处理过程

　　首先，应用 ENVI 5.1 软件对 Landsat 影像进行校正、配准、融合、裁剪、坐标转换（转为 GCS Krasovsky 1940 地理坐标系和 Albers 投影坐标系）操作，完成影像的预处理工作。其次，参照《土地利用现状分类标准》（GB/T21010-2007），利用 ArcInfo Workstation 软件平台通过人机交互方式进行土地利用分类解译，解译处理精度在 90% 以上；分类后的土地类型为 5 类一级地类和 17 类二级地类，包括：草地（高覆盖草地、中覆盖草地和低覆盖草地）、耕地（旱地和水田）、林地（有林地、灌木林地、疏林地和其他林地）、建设用地（城镇用地、农村居民点和工交建设用地）、水域（水库/坑塘、河渠、湖泊、滩地和海涂）。然后，将相应年份的谷歌地球影像和土地利用现状图进行配准和矢量化处理，参照《城市用地分类与规划建设用地标准》（GB50137-2011），将建设用地再次细分为 9 个亚类型。最后，将细分的建设用地补充至前述一级的土地利用分类结果中。形成了本研究最终所需的土地利用/景观类型，包括：居住用地、公共管理与公共服务用地、商业服务业设施用地、工业用地、物流仓储用地、道路和交通设施用地、公用设施用地、绿地与广场用地、其他城市建设用地、农田用地、森林用地、草地用地、水域和湿地用地总共 13 类(见图 6.3)。

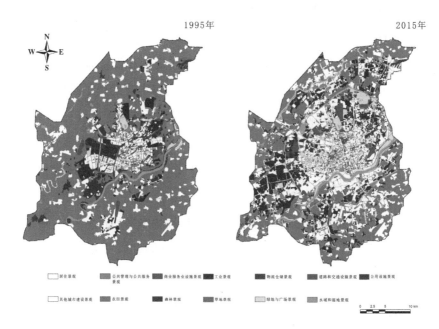

图 6.3 研究区土地利用/景观类型分类结果

除土地利用数据,本章定量研究过程中所涉及的其他数据来源及处理过程均在相应位置处有详细说明。

第三节 城市韧性特征与演变

一、构建城市韧性指数

韧性是城市系统内部组分通过交互作用而产生的一种涌现属性,因而难以直接测度。已有研究提出可将城市韧性分解为多个"代理"属性,通过对代理属性进行测度进而评估韧性(Masnavi, 2018; Tyler, 2016; Marcus and Colding, 2014; Carpenter, 2005)。相关文献指出,选取"代理"时,要确保其能够表征韧性系统的关键特征,同时要易于直观地感知和测算。本研究中选取代理主要考虑:首先,所选取的"代理"与本研究的理论基础,即城市韧性和社会—生态系统理论一致;其次,本研究结果旨在为应用实践提供指导,因此这些"代理"最好能够与景观/空间规划和设计直接相关,即侧重城市物质空间的指标;再次,相较系统韧性,代理本身经历了必要的简化,但整体上,选取的代理是能够互补的,尽可能多地反映城市系统韧性多个方面的能力。另外,这些代理最好方便被其他案例进行借鉴或者展开对比研究(Carpenter, 2005)。最后,代理必须要便于直接测量与可视化表达(Quinlan et al., 2016)。基于上述原则,最终选取了多样性、分散性、连通性和自给自足性这四个关键代理,将其作为城市韧性水平的定量测度指标。

多样性是一个很重要的韧性特征,也是韧性的基础,很大程度地影响着复杂系统的适应性潜力(Folke, 2006; Salat, 2017; Salingaros, 2000)。多样性决定了系统是否能以多种方式响应和应对不确定扰动,还会促进系统的多功能性(Wood and Dovey, 2014)。在景观生态学中,城市景观的多样性表现为景观类型的复杂性和异质性,这样的特征可满足城市系统的差异化需求。具体而言,多样化的社会景观是社会资本丰富、学习能力强、创新旺盛的体现,而多样化的生态景观则表征着城市生态系统健康和可持续发展潜力。景观格局的多样性有时比承载特定的功能更重要,因为景观的布局与系统记忆关系密切,在系统遭到攻击后,可迅速帮助其弥补局部的损失和破坏。除了能促进城市系统的恢复和再生,多样性还有助于形成冗余,这也是城市系统维持和增强韧性的关键。

分散性也是韧性的关键代理,因为分散在一定程度上有助于保障系统的安全、灵活和效率,具有韧性的城市通常是分散而非集中的。系统组分的分散布局往往会形成模块化的格局,这就有助于将风险扰动的影响限制在一个相对独立的空间而不至于无限蔓延。分散还能够促进不同城市组分的交互作用。城市景观的分散化直观地体现为不同类型的景观以较为均匀的布局形式分散在整个系统中,其中,社会景观和生态景观的均匀分布除了可以有效缓冲风险,加强社会和生态要素的协同,还可促进人与环境之间的良性互动,增强社会参与和凝聚力,进而从整体上提升城市系统的适应性,增进城市居民的生活质量和福祉(Adger and Arnell,2005;Chelleri,2012;Moench,2014)。

连通性是系统正常运行和进行自组织的重要保障,决定了基本服务的可达性以及物质交换和能量流动的便利程度(De Montis et al.,2016)。尽管已有研究指出连通性对城市韧性的影响是具有争议性的(Olazabal et al.,2018;Sharifi,2019),但很显然,在城市这一高度异质性的系统中,保持适度的连通无疑具有积极意义。在景观上,较高的连通水平不仅增强了城市结构的完整性,有助于城市形成有机互联的整体系统(Carpenter,2015)。城市要素的互联互通还有助于提升灾害自组织能力,这对于受干扰后城市系统的恢复尤其重要。另外,连通性良好的自然景观更有可能维持生态功能的有效发挥,并能促进生物多样性水平,这些均有助于城市系统对社会—生态风险的缓解和应对。

自给自足性指的是系统对基本产品和服务进行配置的能力。城市系统的自给自足能力提供了增进人类福祉和迈向可持续的保险和补偿价值(Feliciotti et al.,2015)。在社会—生态系统理论框架下,人与自然共同演化,因此生态系统服务的自给自足就变得至关重要。生态系统服务提供了既能满足社会需要、同时可有效应对气候风险的多种服务(Ahern,2013)。一个韧性强的城市,无论在其遇到何种变化时,都能够随时享受持续和充足的生态系统服务的供应。由此可见,自给自足的生态系统服务供应是城市系统长期保持韧性和可持续性的重要条件(Mcphearson et al.,2014)。

应用景观格局指数和生态系统服务预算对多样性、分散性、连通性和自给自足这四个指标进行测度。具体地,景观格局指数中的香农多样性指数(SHDI),连接度指数(CONNECT)和散布与并列指数(IJI)分别对应多样性、连通性和分散性;自给自足(SSes)自给自足是与景观格局密切相关的功能性特征指标,不过由于没有现成的景观指数对应,需要根据不同景观类型所提供和需求的生态系统服务的差值来估算(见表 6.1)。另外,参考埃伯特(Ebert)和韦尔施(Welsch)的经验,并且考虑到这些景观指标的内在关联及其在系统韧性中发挥的协同作用和级联影响,选取乘法运算对四个指标进行合成(Ebert and Heinz,2004)。在此基础上形成的城市韧性指数(Urban Resilience Index, URI)可表示为:

$$URI = SHDI \times CONNECT \times IJI \times SS_{es} \tag{6.1}$$

二、计算景观指标

多样性、连通性、分散性所对应的三个景观指数 SHDI、CONNECT、IJI 通过 Fragstats 4.2 软件平台计算,自给自足性(SSes)的估算则基于不同的景观/土地利用类型,具体估算过程参考 McPhearson 等(2014)的研究成果完成。鉴于景观指数具有尺度依赖性特点,在运用景观指数呈现空间格局时先寻找其特征尺度就变得尤为关键,因为只有特征尺度下的景观格局指数才能反映相对可靠有效的信息。本研究中特征尺度寻找确定的过程如下。

将研究区域的景观栅格(像元大小为 30 m×30 m)数据导入 Fragstats 4.2 软件,分别在 500 m、750 m、1 000 m、1 250 m、1 500 m、1 750 m、2 000 m 这 7 种窗口半径下运行移动窗口模块,便可获取多个窗口半径下 SHDI、CONNECT、IJI 三个指数的计算结果。移动窗口方法的基本原理是:用一个已知半径的窗口作为移动单元,将该窗口从研究区的左上角开始,以栅格半径为步长依次移动,直到栅格移动到研究区右下角为止,再将移动过程中所得到的景观格局指数的数值分配到每个栅格窗口的中央位置,一直到所有栅格都被分配到数值为止,这样就完成了该景观格局指数在不同窗口半径下的景观指数值的测度,同时,由于移动过程中对各个栅格进行了赋值,将其汇总便可获取该指数相应的景观空间格局。运用移动窗口法获取景观空间格局的优点在于其可将所有栅格单元的景观指数值以连续光滑表面的形式表达，直观地反映出了不同栅格单元的差异。

表 6.1　景观指标的描述和计算

代理	景观指标	描述	计算公式	单位/值域
多样性	香农多样性指数(SHDI)	景观组成的复杂性和丰富度	$SHDI = -\sum_{i=1}^{m}(p_i \times \ln p_i)$，$p_i$ 为斑块类型 i 在整个景观中的占比；m 为斑块类型的数量。	--/(0, +∞)
分散性	散布与并列指数(IJI)	不同景观类型的分散或集中分布程度	$IJI = \dfrac{\left[\sum_{k=1}^{m}\left(\dfrac{e_{ik}}{\sum_{k=1}^{m}e_{ik}}\right)\ln\left(\dfrac{e_{ik}}{\sum_{k=1}^{m}e_{ik}}\right)\right]}{\ln(m-1)}$ $\times 100$，e_{ik} 是斑块类型 i and 斑块类型 k 的邻接边长；m 同上。	%/(0, 100)
连通性	连接度指数(CONNECT)	景观的空间连续性，与景观功能的发挥密切相关	$CONNECT = \dfrac{\sum_{i=1}^{m}\sum_{j\neq k}^{n}c_{ijk}}{\sum_{i=1}^{m}\left(\dfrac{n_i(n_i-1)}{2}\right)} \times 100$，$c_{ijk}$ 斑块类型 i 中斑块 j 和斑块 k 的连接值，如果二者相接，则该值为 1，如果不相接，则该值为 0；n_i 是斑块类型 i 中的斑块数量。	%/(0, 100)
自给自足性	生态系统服务预算(SSes)	不同景观类型对生态系统服务的供给与需求之差	（见表 5.2）	--/(−61, 55)

本研究通过多尺度分析来确定特征尺度（Wu et al.，2000）。根据移动窗口的运算结果，利用半变异函数模型（公式 6.2），分别模拟不同窗口半径下三个景观指数的空间变化特征。半变异函数通过刻画观测样本点或位置的空间自相关性来分析景观变量的空间结构，通过绘制每对采样点的位置，然后根据这些不同位置的结果得到拟合的模型。通常情况下，采样点空间依赖关系会随着迟滞距离的增加而减小，因此近距离采样点的半变异值一般较小，而随着样本点距离逐渐增大，半变异值也在增大。当到达在一定距离时，继续改变样本点之间的距离，半变异值不再发生变化，此后会一直保

持平稳,这就意味着观测点不再具有空间相关性(Nansen,2012)。半变异函数可用几个关键参数来描述,其计算公式如下(Wang et al.,2016):

$$\gamma(x,h)=\frac{1}{2}\mathrm{Var}[Z(x)-Z(x+h)]=\frac{1}{2}E[Z(x)-Z(x+h)]^2 \quad (6.2)$$

公式 6.2 中,$\gamma(x,h)$ 为半变异值,$Z(x)$ 和 $Z(x+h)$ 分别为变量 Z 在 x 位置和 $(x+h)$ 位置处的观测值,h 是样本点的间距(也叫迟滞值),是采样点空间相关的最大距离。半变异函数有三个重要参数(见图 6.4),分别为块金值(C_0),基台值(C_0+C)以及变程(h)。通常,半变异值会随着迟滞值的增大而增大,并在一定距离范围内会上升到一个稳定常数。当变程 h 等于零的时候,半变异值就是块金值。理论上,块金值应该等于零,不过,由于测量误差或其他未知和随机变异的存在,块金值通常大于零。参数 C 是基台值与块金值的差值,随着迟滞距离的增大而减小。因此,在半变异函数模型中,块金值为未知方差的估计值,基台值为模型能够解释的总变异值,块金与基台的比值 $C_0/(C_0+C)$,也叫块基比,用于表征变量的空间相关性水平。当块基比值较小时,随机性导致的变异程度较小,变量的空间相关性较大;反之,当块基比值较大时,变量的空间相关性则减小。本研究的特征尺度根据给定迟滞下块基比值的变化方式判断(Liu et al.,2004),当块基比较小但却趋于稳定时,相应景观指数的空间相关程度及稳定性较高,该尺度就可视为特征尺度。半变异函数模拟基于 GS+软件实现。

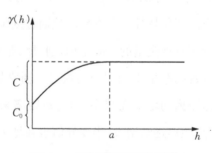

图 6.4　半变异函数理论模型

此外，自给自足性的计算根据不同景观类型的生态服务预算所得。本研究参考伯克哈特(Burkhard)等学者的研究成果，将研究区包含的 13 种景观类型与伯克哈特等学者提出的 17 种生态系统服务建立联系。每种景观类型的生态系统服务的预算基于该类型景观对于生态系统服务的供给与需求之间的差值估算(Burkhard et al., 2012)。依据《联合国千年生态系统评估》对生态系统服务的分类，17 种服务类型分别有调节服务 9 种、供给服务 6 种、文化服务 2 种。由于支持服务是其他类型服务的基础，所以本研究没有对其单独进行分类。生态系统服务测算的结果由−5 到+5 共 11 个数字变量表示。其中，−5 代表需求显著大于供给，自给自足性最差；+5 代表供给显著大于需求，自给自足性最好；当值越趋近于 0 时，表明供给和需求相差不大，基本上可满足自给自足(见表 6.2)。此处需要说明的是，根据实际需要，本研究所给出的生态系统服务预算值是分类变量。分类变量仅为呈现直观的空间差异，并不是生态系统服务供需的真实价值体现。基于ArcGIS 软件将不同类型的生态系统服务测算结果的图层进行叠加计算，便得到了研究区生态系统服务自给自足性的空间格局。

三、景观指标标准化

由于所选的 4 个景观指标的属性不相同，比如具有不同的单位和值域等，因此无法直接进行运算，需要先对其进行标准化处理。本研究应用 Arc-GIS 软件的栅格重分类工具对其进行归一化处理。栅格重分类允许输入栅格单元的值变为值域范围相同的分类变量，当研究需要一个共同的值域范围来组合不同数据时，即可使用栅格重分类对不同指标进行标准化处理(understanding reclassification)。基于自然断裂法则，4 个景观指标的栅格被重新分类赋值，新值域范围为[1，9]，值越大表明对韧性的贡献越大。根据标准化结果，将 4 个指标进行相乘合成，就得到了最终的城市韧性指数的栅格表达图，后续空间格局及演变分析都在此基础上进行。

表 6.2 不同景观类型的生态系统服务自给自足性评价

	调节服务									供给服务						文化服务	
	当地气候调节	全球气候调节	洪水防护	地下水补给	空气质量调节	侵蚀调节	营养调节	水质净化	传粉	作物	牲畜	饲料	野生食物	能源	淡水	娱乐审美价值	生物多样性
居住景观	-5	-3	-4	-5	-5	-1	-1	-1	-3	-5	-5	-1	-1	-4	-5	-4	-2
公共管理与公共服务景观	-1	-5	-4	-5	-5	-1	-3	-3	-4	-5	-5	-5	-4	-4	-5	-1	-1
商业服务业景观	-1	-5	-4	-5	-5	-1	-3	-3	-4	-5	-5	-5	-4	-4	-5	-1	-1
工业景观	-1	-5	-4	-5	-5	-1	-3	-3	-4	-5	-5	-5	-4	-4	-5	-2	-1
物流仓储景观	-2	-4	-4	-1	-4	-3	—	—	-1	—	—	—	—	-4	-1	-2	—
道路与交通景观	-2	-4	-4	-1	-4	-3	—	—	-1	—	—	—	—	-4	-1	-2	—
公用设施景观	-2	-2	—	-2	-3	—	—	-2	—	—	—	—	—	0	-2	-1	-1
绿地与广场景观	0	1	0	1	0	2	1	1	-1	-1	-1	1	1	-1	-2	-1	-1
其他城市建设景观	-2	0	-2	0	-1	-2	-2	-2	0	0	0	0	0	-4	-2	0	0
农业景观	2	0	1	1	0	2	-3	-1	-2	2	3	2	3	0	-2	2	3
森林景观	5	4	3	2	5	5	5	5	5	2	1	1	4	1	—	5	5
草原景观	0	-2	0	1	—	4	-1	-2	—	4	4	2	—	0	-2	3	—
水域和湿地景观	2	1	1	2	—	—	1	—	—	—	—	—	4	—	5	5	4

四、样线分析

为了更详细地分析研究区城市韧性的时空变化特征,尤其是城市韧性指数在各个方向和不同距离条件下的差异,特提取了以市府广场为中心、八个方向四条样线上的 URI 信息。样线的具体位置如图 6.5 所示。四条样线中,南北样线长 42.03 km,东西样线长 30.75 km,西南—东北样线长 33.87 km,西北—东南样线长 33.96 km。样线提取由 ArcGIS 软件的 3D 分析模块完成。

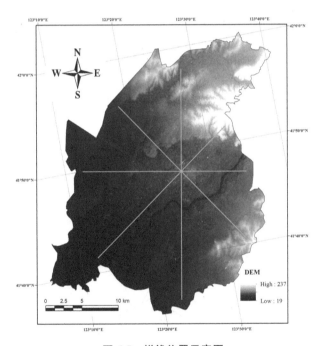

图 6.5 样线位置示意图

五、景观指数特征尺度

研究时段内研究区景观指数的多尺度空间变化如图 6.6 所示。根据1995 年和 2015 年两个年份各景观指数在 500 m—2 000 m 之间共 7 个不同窗口边长下的变异情况,即参数块基比 $C_0/(C_0+C)$ 的值的变化会发现,随着空间尺度的增大,块基比逐渐减小,这即表明各景观指数表征的景观特征其空间自相关性在增大。具体地,从曲线的变化趋势来看,SHDI 的块基比值先增大后减小,变化幅度不大;IJI 的块基比值也是先缓慢变大,随后便明显下降;CONNECT 的块基比值则先是维持平稳然后迅速下降,最后又回归稳定。整体而言,虽然不同的景观指数的变化不完全一致,但仍可识别出一些共同特征:所有指数的块基比值在窗口长度为 1 500 m 的时候值较小且达到了相对稳定的状态。尽管 1 500 m 之后的块基比值变化也趋于平缓,但考虑到随着空间尺度变大可能会导致景观格局的空间特征被掩盖以及某些关键信息的丢失,为了更精准地反映研究区景观空间格局特征,本书认为 1 500 m 适合作为研究时段内沈阳市中心城区景观格局分析的特征尺度。本章后续的分析都基于特征尺度下的景观指数值。

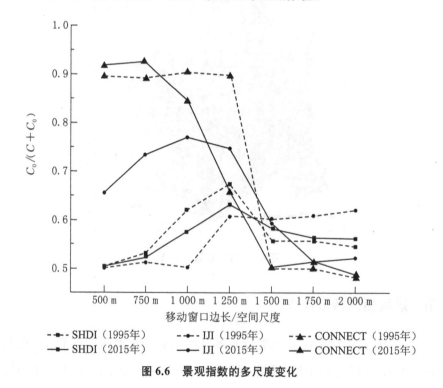

图 6.6　景观指数的多尺度变化

六、景观指标的变化特征

表 6.3 展现了研究区各景观指数值的变化。从表中可看出,SHDI 和 IJI 在变大,二者的平均值分别从 1995 年的 0.71 和 60.26 上升到 2015 年的 1.23 和 66.34,表明研究时段内沈阳市中心城区的景观多样性和分散化程度有增大的趋势;相反,CONNECT 的平均值由 1995 年的 62.59 下降到 2015 年的 54.17,表明景观的连通程度在降低。

从 4 个指标的空间格局(见图 6.7)来看,发现这 4 个景观指标都具有明显的核心—外围分布特征,这种核心区与外围区的显著差异尤其在 1995 年时表现明显,到 2015 年时核心—外围的差异格局特征有所减弱。通过比较各指标两个年份的空间变化情况发现,SHDI 和 IJI 值较大以及 CONNECT 和 SSes 值较小的空间单元明显向外扩张,因此,4 个指标空间变化显著的区域均位于外围区域,而核心区的变化则不明显。

表 6.3　景观格局指数

	1995			2015		
	SHDI	IJI	CONNECT	SHDI	IJI	CONNECT
最小值	0.00	0.00	0.00	0.00	0.00	0.00
最大值	2.10	100.00	99.62	2.24	100.00	99.62
平均值	0.71	60.26	62.59	1.23	66.34	54.17
标准差	0.48	16.7	20.46	0.43	11.44	11.98

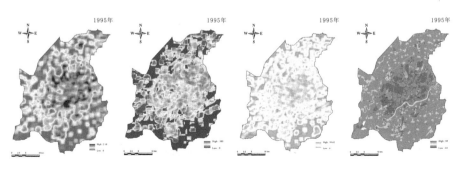

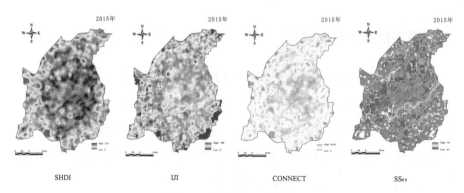

图 6.7　景观指标空间格局

七、城市韧性整体格局

应用 ArcGIS 软件的栅格计算器,根据公式 6.1 将各标准化后的景观指标合成,即得到城市韧性指数(URI)的空间分布格局(见图 6.8),然后提取4 条样线上的 URI 信息对城市韧性空间特征做进一步分析(见图 6.9)。根据图 6.9 可看出,沈阳市中心城区城市韧性水平整体上表现出圈层式分布特征。具体来看,在 1995 年,城市韧性水平由中心圈层到外围圈层依次呈现出较低、较高、高低异质混合且伴有低水平连片的格局。到 2015 年,各个

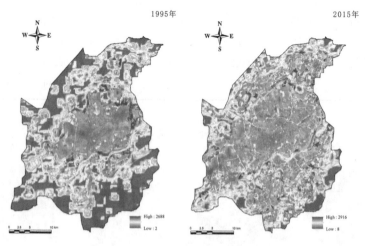

图 6.8　城市韧性指数的空间分布格局

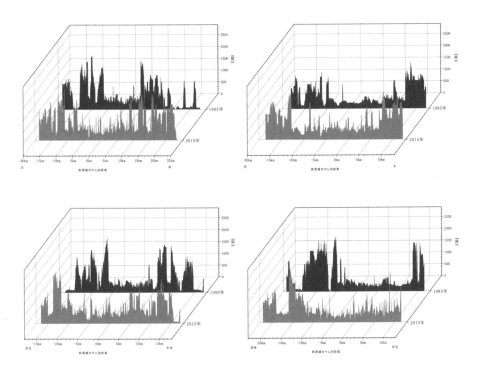

图 6.9　城市韧性的方向特征

圈层的分异程度减弱,城市韧性空间变得复杂化和破碎化。20 年间变化表现出较明显的特征是韧性水平较低的中心圈层(城市公园、河流附近除外)范围显著扩大、并且侵吞了周边原有韧性水平较高的空间单元;而外围边缘圈层的韧性水平明显升高、并且原有连片的低水平韧性区基本消失。此时,韧性水平较高的单元在外围圈层分散分布。

八、城市韧性的时空演变

对比图 6.8 和图 6.9 中两个年份的城市韧性空间差异,发现研究时段内研究区城市韧性的变化存在着明显的方向性偏好。其中,南向和西北向的城市韧性水平增加,而其他方向的城市韧性水平均降低。具体来看,韧性显著增加的区域有南部的浑南新城和西北部的蒲河新城,而韧性显著降低的区域有西南部的沈西工业走廊(部分)和东北边缘的辉山经济技术开发区。尽管影响不同方向上城市韧性水平增减变化的因素很复杂,但本书认为其中一个很重要的原因是城市的不同方向、不同区域在发展过程中对社会和生态关系的考虑和处理方式不同。在韧性增强的方向上,主要的开发活动是新城建设,新城建设必然会考虑到改善人居环境、促进居民与自然环境之间的良好互动、提升区域的宜居性等问题,因此这一区域的人工开发建造强度适中,兼顾了社会和生态两方面的效益。而韧性水平降低的方向主要集中在以产业园区等为主的高强度人工开发建设区,由于工业园区本身更多关注经济效益,附近环境通常"脏乱差",很明显,在其开发建设以及后续发展过程中的生态和社会效益被忽视了。

当汇总 8 个方向的 URI 随距离变化情况时(见图 6.10),会发现如下的规律:在距市中心 0—6 km 的范围内,城市韧性水平基本上没有发生明显的变化;在 6 km—12 km 范围内,城市韧性水平下降;而在 12 km—18 km 范围内,城市韧性水平上升;最后,到 18 km—24 km 时,城市韧性水平又显著上升。这一结果表明了研究时段内研究区的城市韧性水平的变化呈现出一定的距离效应,由市中心到城市的外围边缘,城市韧性水平先维持稳定,随后下降,然后又上升;转折点发生在大约距离市中心 6 km 的位置处。由此可以推断,距离市中心 6 km 附近及其往外到 12 km 的区域受到了快速城市化进程的严重影响,高密度高强度的开发建设使得城市景观发生显著变化,致使其韧性水平也受到了严重的负面影响;而 12 km 继续往外,同样也受到了城市开发建设的影响,但是开发强度适中,自然景观并未被完全吞噬,而且自然和社会景观的融合较好,因此韧性水平是增加的。由此可进一步推测,城市空间的开发建设对城市韧性水平的影响具有双面效应,高强度、大规模的开发建设会削弱城市韧性,而适度有序的开发建设且能够确保社会和生态的互动有助于提升城市韧性。因为将人工建设和自然与半自然环境相结合并且合理保护缓冲区,有助于缓解和适应城市发展过程中可能遭遇的不确定性,而且可显著促进社会和生态要素的良性互动,进而有效促进了城市发展轨迹向可持续过渡和转型。

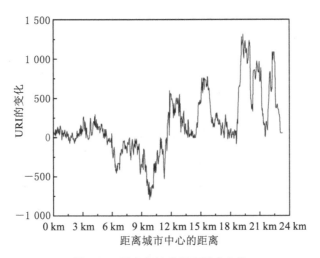

图 6.10　城市韧性的距离梯度变化

进一步将研究区 1995 年和 2015 年两个年份的城市韧性水平分为 5 个等级,分别为Ⅰ、Ⅱ、Ⅲ、Ⅳ和Ⅴ,来探索其韧性等级在研究时段内的演变情况。在 5 个等级中,Ⅰ为最低级别韧性,随着级别的增加,韧性水平相应增加,也即Ⅴ代表韧性水平的最高级别。根据各等级面积占比状况(见图6.11)可知,韧性等级相对较低的区域面积减少,而韧性等级中、高等级区域

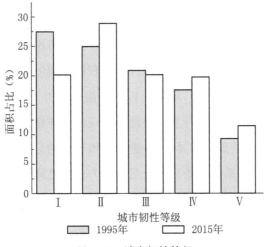

图 6.11　城市韧性等级

面积略有增加。除了研究区整体韧性水平增大外,图 6.11 还显示出研究区内部韧性水平的差异在下降。这在一定程度上与城市发展过程中对景观格局配置优化使得景观组合更加合理化有关。

第四节　沈阳城市适应性治理策略

一、基于景观的城市韧性评估

当前,学界对能够涵盖城市韧性全部特征的"代理"选取还没有达成共识(Pizzo,2015)。考虑到应对快速城市化进程中存在并日益加剧的社会—生态威胁,本章在社会—生态系统的框架下,首先对社会—生态视角的城市韧性概念内涵进行了分析,认为社会—生态视角下城市韧性是促使城市应对不确定挑战时发挥的吸收、适应和转变的能力,这一能力可保障城市系统最终实现可持续发展。基于这一认知,参考相关文献对韧性的"代理"进行了回顾(见表 6.4),并最终选取了多样性、分散性、连通性、自给自足性这4 个常见且有效的"代理"。相较表 6.4 列出的其他"代理",本书选取的这4 个指标具有测度方便、对城市治理干预的可操作性较强的突出特征。此外,由于这 4 个指标与城市景观特征高度相关,因此可基于与景观指数相关的指标来衡量,同时它们也是景观规划和设计需要考虑的核心问题。

另外,虽然这 4 个指标对城市韧性都有积极正向的影响,但由于指标之间的内在联系及其级联效应,单个指标的无限增大并不会使城市韧性水平一直增加。比如,由于人工开发建设使得景观的多样性水平增加,这一状况同时也会造成景观的破碎和异质化,进而导致景观的分散性,削弱了景观连通性,并且造成生态系统服务自给自足的能力也随之降低。而且,一些指标只能在一定范围内或者结合其他指标一起才可正常发挥作用,比如连通性(De Montis et al.,2016;Olazabal et al.,2018)。因此,城市韧性的增强取决于所有指标的协作和协调,这就不可避免地要考虑指标之间协同和权衡的问题。而事实上，尽管关于指标间协同和权衡的有效决策是因地制宜的，但所有指标综合效益的最大化才是提升城市系统整体韧性的关键。只注重单一或其中几个指标值的增加极有可能对城市韧性整体起到负面影响。

表 6.4　韧性代理汇总

来　源	韧性特征
韧性联盟	反思性、足智多谋性、稳健性、冗余、灵活性、包容性、整体性
Sharifi 等	冗余、多样性、独立性、相互依赖、稳健性、足智多谋性、适应性、协作性、创造性、自组织性、效率
Feliciotti.等	自组织性、自治性、凝聚性、相互依赖、灵活性、响应性/足智多谋、反馈、创造力/创新、多样性、冗余、模块化、无标度连通性/规模等级、均衡/效率
Meerow 等	稳健性、冗余、多样性、整体性、包容性、公平性、迭代、分散性、反馈、生态保护、透明性、灵活性、前瞻性、适应能力、可预测性、效率
Feliciotti 等	多样性、冗余、模块化、连通性、效率
Quinlan 等	多样性和冗余、连通性、反馈、学习和实验、参与、多中心治理
Quigley 等	多样性、社会资本、创新性、学习
Allen 等	生物多样性、生态变化、模块化、认知慢变量、紧密反馈、社会资本、创新、重叠治理、生态系统服务

至于城市韧性指数，获取了单个指标的栅格格式数据后，将其标准化处理成值域一致的分类变量，通过栅格计算器将其合成 URI。在指标的权重设置方面，为了避免复杂的计算方法（比如主成分分析或多准则决策分析等）引入更多的主观因素，本研究对各指标设置了相同的权重（Aubrechtand Özceylan，2013）。另外，设置相同的权重还因为现有研究还没有证据能够表明某一个代理在城市韧性潜力中能够发挥比其他代理更重要的作用。关于 4 个指标的合成，考虑到各指标之间的非线性作用及其耦合效应，采用了乘法而非加法运算。

二、韧性导向的城市适应性治理建议

城市景观是城市系统最重要物质基础，其变动可作为城市系统动态变迁的缩影,也可作为城市韧性潜力监测和塑造的媒介,是城市韧性研究和实践很有意义的突破口(Ahern,2013)。本研究认为,城市的韧性潜力受到景观多样性、分散性、连通性和自给自足性的共同作用影响,也即城市景观的组成和空间配置均会影响城市的韧性水平。过于单一的景观组成会削弱韧性水平,同样,过于复杂的景观组成也会侵蚀城市的韧性水平。而且,不同的景观邻接关系也会制约城市的韧性潜力(Wilkinson,2012)。因此,通过景观/空间规划手段促进城市景观的协调配置是增强城市韧性的有效措施。

本研究所选取的4个指标可作为规划实践塑造城市韧性的原则。由于城市系统的韧性水平不仅反映了其对不确定性的响应和适应能力,还表征着其向可持续的社会和生态关系转型的能力,因此,城市系统的长期韧性实现需要同时构建安全结构和维持可持续的城市功能。所以,通过协调城市景观的上述4个方面,确保城市的响应性结构和适应性过程能够与其(可能)面对的不确定性共存,二者对于增强城市韧性都具有重要意义。

关于增强沈阳市中心城区城市韧性的具体实践方面,在当前已经高密度开发并且蔓延严重的主城区,要严格控制其继续开发建设的强度,并且尽可能多地增加点状生态斑块,用以隔离和缓冲突发灾害事件的影响,增加人与自然互动的机会。在城市的外围或郊区,在考虑能够保证城市功能与生态环境有机融合的前提下,要适度引导进行城市的开发建设项目,以便分散主城区过度发展的压力。同时,确保提供重要生态功能的核心生态斑块不会进一步遭到破坏和被侵吞。总之,要促进研究区迈向整体性、分散化、良好连接且模块化、能满足人类需求以及维持可持续人地关系的景观格局。

由于城市系统的开放性和动态变化,城市景观时刻在变动,因此城市韧性也具有动态性。所以,增强城市韧性需要一种适应性规划方法,通过"边学边做"(learning by doing)这种在实践中学习的过程而不断调整城市景观的组成和配置,以使其达到更可持续的状态,进而维持和增进城市的韧性与居民福祉。目前对城市韧性定量化的研究很有限,本章在已有工作的基础

上进行了一次有益尝试。从多样性、分散性、连通性、自给自足性 4 个方面
构建了一个具有操作性的城市韧性评估框架，考虑到为规划决策提供参考，
因此侧重城市韧性的空间维度。虽然这 4 个指标具有重要性，但很明显不
能代表城市韧性的全部特征。未来进一步探索复杂社会—生态系统的韧性
以及开展城市韧性评估需要纳入更全面的韧性代理，包括社会、经济、文化、
政治等多个维度。

第五节　小　　结

　　本章构建了用于量化评估和指导实践的城市韧性操作化框架，丰富了
城市韧性评估研究体系，也有助于更好理解城市社会—生态系统的动态性
及社会与生态的相互依赖关系。实证研究部分应用景观生态与空间分析相
关的方法，揭示了沈阳市中心城区 1995 年到 2015 年的城市景观格局和城
市韧性水平及其演变。研究表明确保城市结构的响应性和维持功能适应性
对于城市系统提升韧性与可持续性具有重要意义。城市景观是城市系统重
要的物质基础，其变动可作为城市系统动态变迁的缩影，也可作为城市韧性
潜力监测和塑造的媒介，引入城市景观是城市韧性研究和实践的有益尝试。
具体实践中，基于城市景观的整体性、良好连接以及模块化布局塑造城市韧
性的方案具有可行性。

第七章
社区韧性与多元共治

　　社区作为城市系统的重要构成部分,既是产生和承受城市风险的第一场所,也是灾后恢复与城市治理的基本单元。进入后疫情时代,城市社区治理与韧性社区营造成为关键问题。以人民为中心是创新社区治理的重要理念,多元主体协同共治是提升社区韧性的重要途径。充分发挥社区多元主体的协同作用是构建社区治理体系和治理能力现代化、增强社区韧性的关键。

第一节　后疫情时代的社会风险与社区治理现状

一、超流动风险

　　新冠肺炎疫情(COVID-19)的全球蔓延使世界多国陷入公共卫生危机,对国际政治、经济、社会和文化秩序产生了深远影响,加速了人类社会演变和进入风险社会的进程。我国坚持以人民为中心,采取了严格彻底的社会隔离措施,疫情防控取得了阶段性重要成效。近日,世界卫生组织宣布,新冠肺炎疫情不再构成"国际关注的突发公共卫生事件",尽管其作为全球健康威胁尚未结束,但各国要从应急模式过渡到新冠疫情与其他传染病一同常态化管理的阶段。我国国家卫生健康委在综合评估病毒变异、疫情形势和防控工作等基础上,发布了实施"乙类乙管"措施的公告。这是为了不断提升疫情防控工作的科学性、精准性、有效性而作出的重大防控策略调整，也标志着后疫情时代的全面开启。

进入后疫情时代，不断开放的社会、大规模的人口流动，以及日益增多的公共服务需求对社会治理提出更高要求，超大城市尤其面临着更为严峻的挑战。事实上，超流动性也是新冠肺炎疫情迅速传播扩散及其治理难度大的重要因素（周成虎等，2020）。COVID-19 疫情集中暴发于 2020 年春节期间，超流动性叠加农民工返乡和城市居民走亲访友"春运"浪潮，加剧了疫情恶化蔓延的速度和影响范围（见图 7.1）。应对超流动性需要开启全新的治理观。然而，就现有治理实践中常出现的迟滞僵化、被动应对的局面来看，我国社会治理并没有为规范、适应和保障这种超流动性及其所带来的复杂影响做好准备。相较"静态"社会的治理传统，对超流动社会的治理尤其要解决降低固定边界造成的分割效应挑战，通过激发基层社会的凝聚力、合作自治与资源互补共享，进而构建更广阔的操作单元来组织重构社会治理的空间秩序，在更大的空间尺度上培育社会网络联系，鼓励合作推动多元社会资本的利用以及开放共治格局的形成。在实践中，治理超流动性社会需要尝试打造超地域性、跨边界流动的自组织关联结构，促使社会发展受益于资

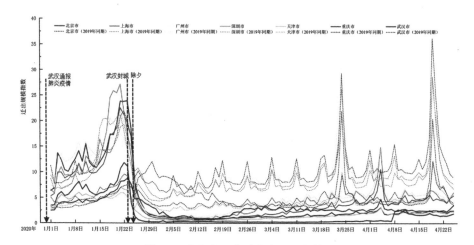

图 7.1 中国主要大城市人口迁徙情况

源整合的效能,要求社会治理重视对多元性以及去标准化等特征的保护,并且更加强调治理的过程性、地方价值、不同主体间的共享和参与,扫除流动差异所引发的权力资源不平等。

二、城市社区治理现状与问题

社会和社区治理已成为后疫情时代的关键问题。国家"十四五"规划和党的二十大报告均强调了社区治理的重要性,提出打造"共建共治共享"的社会治理格局和健全城乡社区治理体系。自疫情暴发以来,我国 65 万个城乡社区一直处于疫情防控工作的第一线,为有效切断疫情扩散蔓延渠道、构筑疫情防控人民防线发挥了特殊作用。社区疫情防控体现了社区的治理能力,群防群治的抗疫格局从根本上凸显出社区治理的重要性。不过,疫情大考下也暴露出当前社区治理工作中存在的诸多短板与挑战,后疫情时代的社区治理及其现代化也面临着一系列新的问题(向云波和王圣云,2020)。以上海为例,政府主导模式是上海社区治理的突出特征,但随着社会经济快速发展和居民主体意识的增强,该模式逐渐走向转型,政府主导下的多元主体共同治理模式成为新的趋势。不过,多元主体的力量并非绝对平等,只有加强多元主体共治,统筹社区的常态化与非常态化治理,切实构筑疫情防控人民防线的重要作用,才是推进社区治理体系和治理能力现代化的重要方向,这对于未来常态化疫情防控和社会治理也意义重大(吴越菲,2018)。

对于上海和北京等超大城市,由于老旧小区存量高、老旧情况严峻、社区配套及安全性明显不足,进入后疫情时代,超流动性影响下城市传统社区的发展及其治理中存在的问题异常复杂严峻。主要表现在以下五个方面。

1. 社会空间割裂

物理空间的围合和门禁系统的封闭导致社区之间、社区与其他机构以及城市空间存在多重分隔,社会资源无法共享。封闭式社区还阻滞了邻里关系,导致社区居民关系淡漠,同一社区、楼宇、楼层内部居民,甚至邻居之间缺乏交流甚至互不相识，农村社区也开始有此倾向，郊区化和半城镇化的外来人口更加剧了传统社区居民之间的隔膜。

2. 社区衔接和联动机制欠缺

传统封闭式社区多采用自上而下的层级治理模式，自下而上的多主体参与共治欠缺，政府主导的一元化社区治理模式也已不适合多元主体对话、协商、沟通、协同、合作、共事的未来趋势。社区居民个体与居委会、业委会、街道和上级管理政府等机构以及志愿者、公益组织、企业等的沟通联动不够，导致日常管理矛盾和应急管理冲突频仍。为应对疫情风险，各地纷纷进入战时应急状态，政府出台了封闭、隔离、设置障碍物等限制人口流动的策略，但在执行过程由于"一刀切"、简单粗暴的管理方式，甚至出现了极端化、暴力化等违法执行现象，使得居民与社区工作人员之间的矛盾和冲突被激化。

3. 城乡社区服务二元分化

超流动社会下，尽管城乡界限日益模糊，但传统社区服务设施的城乡差距依然较大，城乡社区融合严重不足，乡村社区服务弱势。2019 年，全国常住人口城镇化率高出户籍人口城镇化率 16％，人户分离的 2.8 亿人中 84％为流动人口；2018 年城市和农村的社区综合服务设施覆盖率分别为 79％和45％，大幅增加的非户籍居民社区融入面临严峻挑战。

4. 社区老旧化严重

老旧社区是我国社会治理体制转型的特殊产物，由于社区配套和公共服务缺乏，加之年代久远，老旧社区存在的很多历史遗留矛盾被激化，在快速城镇化进程中无法适应和满足社区居民日益多样化的生活服务需求。尤其是上海、北京等超大城市其老旧小区存量高、居民结构复杂、需求多元且老旧社区主要位于老城区内，不仅影响社区居民互动和社区文化建设，社区的环境品质、安全性及其抗风险能力也明显不足，"一老一小"的特殊需求更是得不到保障，老旧社区改造面临多重难题。

5. 社区专业化管理滞后

社区管理人员普遍年龄结构失衡,技能匮乏,制约政府政策实施的有效性。另外,社区对管理专业人员、后备资源和经费投入不足,尤其在应急管理方面,社区管理的专业化、精细化程度远远不够,居民过度依赖上级管理方的决策和指令,而领导者的积极性和组织动员能力却又明显欠缺,给社区治理能力和管理体系造成负面影响。

第二节　城市社区治理及其韧性研究进展

社区(community)的概念由德国社会学家斐迪南·滕尼斯(Ferdinand Tönnies)于 1887 年其著作《社区与社会》(Gemeinschaft und Gesellschafe)中首先提出(吴群刚和孙志祥,2011;魏娜,2003)。美国芝加哥大学罗伯特·帕克(Robert Ezra Park)将社区定义为以一定地域为基础,由具有相互联系、共同交往、共同利益的社会群体、社会组织所构成的社会实体(杨敏,2007;李友梅,2007)。社区通常被解读为一个居住的地方,一个空间单元,一种生活方式,一种社会互助等。帕克于 1933 年将社区一词带入中国。国内社区多指城市社区,不仅作为社会生活共同体,还是社区服务和社会问题的载体,承载了基层社会建设和管理责任。社区构成要素包括:人口、地域、时间、组织和文化与心理要素。社区韧性(community resilience)指以社区共同行动为基础,能链接内外资源、有效抵御灾害与风险,并从有害影响中恢复,保持可持续发展的能力。一个有韧性的社区既可以应对日常状况,又可以在应对各种突发状况时保持和谐、稳定、有序发展。

治理(governance)源于古拉丁语,20 世纪 80、90 年代出现在公共行政领域,指的是公共事务管理中的权力运用(理查德,2005)。20 世纪 70 年代,美国学者埃莉诺·奥斯特罗姆(Elinor Ostrom)与文森特·奥斯特罗姆

(Vincent Ostrom)夫妇提出了多中心治理理论。多中心治理是在政府与市场之外以自主组织为中心进行公共事务治理的方案,该理论主张,多个权力中心或服务中心并存,通过竞争和协作形成自发秩序,从而提高治理能力和水平。多中心治理要求国家和社会、政府和市场、政府和市民共同参与治理过程,结成合作、协商和伙伴关系。出于对政府失灵和市场失灵的回应,多中心治理理论具有很强的启示性,社会力量的兴起和壮大能够实现公平与效率的良好契合,并能更有效地解决许多紧迫的公共服务需求,进而实现善治。尽管多中心治理主张多元治理主体参与治理过程,但是它也明确提出并侧重强调了自主治理和自主组织在治理过程中的重要作用。

社区治理(community governance)是治理理论在社区范围的实际应用,也是一种全新的公共权力运用方式。就国内外社区治理的研究趋势来看,国外的社区发展历史悠久,在工业化和现代化进程中积累了丰富的社区治理研究成果和成功案例。相较而言,我国的社区建设起步较晚,研究基础较弱(Sun,2019),社区治理相关理论研究和实践都还处于初级阶段,但近十年发展较快(见图7.2)。

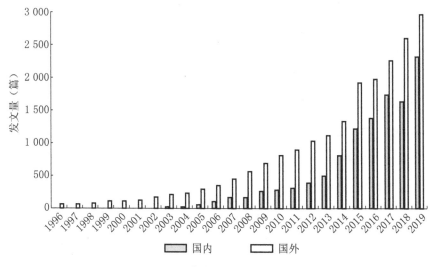

图 7.2　国内外社区治理研究趋势

社区治理的模式大致可分为三类:美国社区自治模式、新加坡政府主导模式和日本混合模式(Eufemia et al.,2019)。自治型社区治理的特点是政府依法管理,社会全面参与,社区自治管理,资金多方筹集,治理主体的分工完善;政府主导型社区治理的特点是政府直接管理,社区居民参与,社区活动以政府拨款为主;混合社区治理的特点是各级政府明确分工,官方管理和自治治理相结合,社区活动资金来源多元(Sattler et al.,2016)。虽然这三种社区治理模式各具特色,但都与其各自的政治文化背景相适应,并且治理主体多元且权责明晰,社区居民发挥着日益重要的作用。相比之下,在我国社区治理中,行政力量对社区组织的渗透性很高,政府居于中心位置,但由于其他主体参与治理的制度资源欠缺,并且行使治理主权的制度成本很高,因此其他主体参与治理不足,我国社区治理也被视为"一核多元"模式(张平和隋永强,2015;夏建中,2010;付诚和王一,2014)。

国外社区治理模式对我国社区治理的推进方向具有启示意义,要重视居民在社区治理发挥的降低政府治理成本、化解社区矛盾纠纷、建立健康和谐的社区环境等作用,通过培育社区共同体、重塑社区的权力体系、建立协商民主的社区治理机制等有利于加强社区治理(张锋,2019)。基于我国国情,尤其要考虑此次疫情危机中暴露出的基层社会治理的不足与机遇,尊重社区居民的利益诉求和现实需要,在社区治理中充分发挥社区居民的主体地位与作用,让社区居民更多、更好、更公平地享受到社区治理成效,推动社会治理重心下移,为社会治理现代化奠定基础。

从社区治理研究的主题分布来看,除了社区治理本身,相关主题主要集中在城市社区、城市社区治理、农村社区、党建引领等方面。在全面推进社区治理数字化转型的背景下,社会治理创新、智慧社区、治理现代化等主题也受到广泛关注。后疫情时代,疫情防控、多元主体、居民自治等主题也日益突出(见图 7.3)。

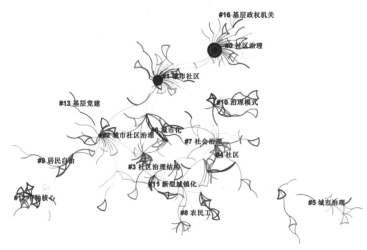

图 7.3 社区治理研究主题分布

随着城市的复杂性与不确定风险加剧,最近的社区治理研究开始关注韧性社区的营建和培育。社区的韧性包括社区系统能够缓冲和适应自然灾害、突发事件等冲击,实现公共安全、社会秩序和可持续发展的能力和过程。社区韧性主要体现在自然资本(natural capital)、人力资本(human capital)、经济资本(economic capital)、物质资本(physical capital)以及社会资本(social capital)五个方面。美国尤其重视社区韧性的构建,并且已被提升到国家战略的高度。我国的社区韧性研究起步较晚,社会治理领域对其关注不足。将韧性理念纳入社区治理现代化建设的整体框架具有必要和紧迫性,超大城市如何通过创新治理模式来提升社区韧性水平有待深入探索。

社区既是国家治理组织体系的重要组成部分,又是居民自治的实践场域,潜藏着纷繁复杂的互动关系格局。基层党组织是社区治理的领导力量,与社区居委会共同承担社区治理的主要职责,保证国家意志在社区的贯彻和落实。商品房小区出现后,市场化运作的物业管理公司和居民自治组织——小区业主委员会——开始参与社区治理,并发挥着越来越重要的作用。随着社会组织的快速发展,非营利性社会组织和专业化社会工作机构也逐渐参与到社区治理当中,形成了社区协同治理格局。各治理主体通过一定的规则和程序参与社区治理,借助各种治理机制表达诉求并满足自身需要。多元主体之间存在两种互动关系,积极的互动关系表现为协商、合作、共享,而消极的互动关系表现为矛盾、冲突、竞争。做好风险预判与防范工作,更强调多元治理主体之间的协商与合作,这是提升是社区治理效能、增强社区韧性的关键。

第三节　面向韧性的社区治理创新理念与实践

一、以人民为中心推进社区治理

习近平总书记强调,要"坚持以人民为中心的发展思想,加快推进社会治理现代化"。"以人民为中心"的内涵包括发展为了人民、发展依靠人民、发展成果由人民共享。社区治理是坚持"人民至上、为民治理"的实践活动,在社区治理的过程中融入"以人民为中心"的创新思想是时代要求和实践之需,也解决了社区治理为了谁、社区治理依靠谁、治理成果由谁共享的问题。人民群众作为推动社会发展的关键力量,也是社会和社区治理的主体。社会治理能否充满生机活力,很重要的一点是,能否真正地激发人的能动性。新时代坚持以人民为中心推进社区治理现代化,必须要凸显人民价值取向,坚持社区治理为了人民、依靠人民、成果由人民共享。

社区治理为了满足社区居民对美好生活的向往。社区治理的根本目的就是满足人民日益增长的美好生活需要。习近平总书记明确指出:"要贯彻好党的群众路线,坚持社会治理为了人民。"新时代推进社区治理工作要想取得成功,必须始终保持与人民群众的血肉联系,从人民的所想所需出发,为人民出实招、办实事,急民之所急,办民之所需,做民之所盼。必须始终秉承以人民为中心的价值理念来推进社区治理各项工作的落实,从改善百姓的生活质量出发,从提升百姓的幸福着手,办百姓期盼的事,办群众叫好的事,努力解决人民最关心、最直接、最现实的利益问题,不断提升人民群众的获得感、幸福感、安全感。

社区治理的实践动力是社区居民。人民群众是社区治理的多元主体之一,在社区治理中,社区居民是最直接的服务体验人和规则设计者,一切社区治理过程中形成的决策,其动力均来源于社区居民。因此,在社区治理的过程中,要加强社区居民的主人翁意识,不断增强其责任感和使命感,充分尊重社区居民的要求,听取社区居民的真实想法,集中社区居民生活智慧,形成社区决策与居民反馈之间的良性互动。要不断拓宽居民参与社区治理的渠道路径,健全社区居民的诉求表达渠道和形式,保障社区居民在社区治理中的知情权、参与权、监督权。不断激发社会基层活力,推动社会治理重心下移,用人民群众的智慧力量去解决人民的事情。开放社区热线、社区信箱,举办社区内部各种座谈会、听证会、论证会等,建立健全社区代表会议制度、社区公开制度以及监督制度等,以此充分发挥人民群众的主体作用,充分依靠广大人民群众加强和创新社区治理。

社区治理的发展成效是社区治理成果由社区居民共享。社区治理的重要目的是保障人民群众的合法权益,不断满足人民日益增长的美好生活需要。新时代坚持以人民为中心推进社区治理现代化,最终目的是让人民群众共同享有社区治理的成果,以此不断提升生活质量、推动社会发展。高效的分配制度是实现人民共享发展和治理成果的保证。要建立健全社区治理成果共享体制机制,拓宽人民群众共享社区治理成果的渠道。要不断完善民生保障制度,创新为民谋利、为民办事、为民解忧的机制。要特别关注弱势群体和薄弱环节,让治理成果向基层延伸、向农村覆盖、向生活困难的群众倾斜,真正实现发展和治理为了人民、依靠人民,成果由人民共享,从而使人民群众的获得感、幸福感、安全感更加充实、更有保障、更可持续。当然,这里还需要考虑社区居民共享社区治理成果的公平问题,而不是简单地进行"一刀切"来体现绝对公平。

二、以人民为中心的社区治理基本原则

"以人民为中心"是推进社区治理理念和治理方式创新的重要方向。社区治理既要把为民造福、满足居民的需要作为终极目标,也要充分发挥社区居民在治理过程中的主体作用。在此次抗击 COVID-19 的过程中,由于社会治理的重心直接落实到社区,广大社区居民有效地参与治理,社区才成为对疫情防控具有特殊重要意义的场所。以人民为中心推进社区治理,也是后疫情时代实现城乡社区高质量和可持续发展的重要内容,需要多主体参与、多平台协同和多途径实施。

1. 多主体参与

社区改造治理涉及社区居民、社会组织、居委会、媒体、设计和施工单位、政府部门等多元主体,遵循"业主发起、社区主导、政府引领、多方参与"原则,实现多元主体的"共谋、共建、共治、共享",通过党建引领,带动群众广泛参与,凝聚多元主体共同力量,统合社会组织、专家学者、企业单位、政府机构等协调推进。

2. 多平台协同

政府部门通过调查民意、组织会议、记录协商过程、公示协商结果等多种措施,建立以不同利益团体诉求为核心、动态可分享的公共信息平台。同时发挥第三方社会组织既有社会工作合法性又能充分调动民间力量的优势,建立社区更新改造的沟通桥梁。搭建如规划设计听证会、部门联席会等议事平台,对改造方案和主要问题进行综合性研究讨论,通过线上线下的平台,协调政府、社区、居民和物业等利益诉求,最终形成多平台协同共治格局。

3. 多途径实施

注重个性化和差异化,根据社区甚至楼层、住户的情况和利益诉求,以居民为主进行自组织和设计更新改造建设方案,因地制宜地精细化设计与

管理服务。一是灵活选择管理服务方式,采用物业公司打包连片、区域性管理模式,降低管理成本。二是实施"条块结合、以块为主、纳入社区统一管理"的方式,让物业管理与社区管理相互扶持、相互督促。三是根据小区规模选择居民自治与市场结合、非营利机构代管、居民互助等多种不同途径。

三、以人民为中心构建韧性社区的实践举措

改造老旧小区和建设连接型社区是后疫情时代超流动社会背景下"以人民为中心"社区治理的重要实践。以人民为中心构建韧性社区的具体举措如下。

1. 改造老旧社区

首先是要完善城乡老旧社区改造的统一的规范,组织上构建协同共治的社区改造体系,在不同尺度进行任务分解。具体地,一是尽快出台完善科学合理的城乡社区改造工作标准以及明确的规定性文件,弥补相关法律法规的空白,逐步建立起完善的城乡社区改造法律法规体系。二是在组织上构建协同共治的社区改造体系,指导落实标准化、透明化的改造工作。三是建立健全社区改造绩效指标体系,保障改造治理成效。四是探索因地制宜的改造工作机制,在不同的尺度上进行任务分解:在城市层面,将国家政策或顶层设计转化为具体的、差异化政策推进社区改造,并大胆放权让利给社区;在社区层面,不断精简社区改造手续,降低社区改造难度,推动多元主体参与,激发社区活力,鼓励因地制宜、精细化社区改造设计与管理服务。

其次是引导社区居民参与社区更新的全过程,深入挖掘社区改造的"痛点"和"要点"。广泛宣传共商、共建、共治、共享的社区改造理念,调动和引导社区居民参与改造更新的全过程。通过居委会、业委会、物业公司三方的联动,结合居民自治、物业专业化管理,实现社区的共管自治。做好社区改造的前期工作,对不同等级城市、不同类型老旧小区进行充分调研,着眼民生,围绕各社区在拆除违建、房屋整修、外墙保温、环境整治、基础设施改善、

水电气暖管网改造以及公共服务配套设施等方面的问题和需求,立足解决社区居民的切实难题,精准规划和施策。比如,在北京和上海等城市,由于绿色出行、电动汽车的大力倡导,很多小区对加装充电桩需求强烈;而在广大三、四线城市,则要重视老旧小区的公共配套不足、市政基础落后等历史遗留问题。另外,在老年人居住较多的小区,需要设置步道、口袋公园等公共活动场所;在年轻人居住较多的小区,应多关注停车设施、托幼服务等。

再次要重视弱势群体和老弱病残孕群体的特殊需求进行无障碍改造和打造社区公共空间并重,建立人性化社区。根据《无障碍环境建设条例》等相关标准,对社区道路、公共服务机构及公共场所进行无障碍建设和改造,增设无障碍通道、无障碍停车位、无障碍卫生间等无障碍设施,营造弱势群体和老弱病残孕群体的无障碍环境。对弱势群体和老弱病残群体家庭居家设施加以改造,发放生活日常用具,以解决其日常生活困难,提高其自主生活能力和质量。街道、居委会和社区联合,建立点对点的、有专人负责特殊群体工作的机制。将社区老年活动中心、图书室、儿童场地、社区中心等作为重点规划和改造内容,将其指标化,进行落实到人的社区改造评价。要综合运用规划设计和活动组织等方式,以免费开放的公共空间为载体,以社区集体活动为手段,打造社区共享公共空间,提升居民认同感和归属感。

另外,紧密结合政务服务"一网通办"和城市运行"一网统管",推进多部门协同和治理的智能化与普及。通过完善新基础设施建设配套,智慧小区、智慧社区的搭建,打通智慧城市建设的末端,大胆探索、完善社区治理体系,跨越式提升社区智慧化精细化工作水平。在社区层面成立"一网统管"领导小组,统一调度、统一指挥,以强有力的组织领导和保障支撑,推动信息化硬件改造和网格化流程再造,打破数据壁垒,提高改造执行效能,以新思路和新技术助力社区改造和治理能力现代化。

最后要完善社区物业服务,建立社区公共治理长效机制。规范物业管理服务,加强物业管理与监督水平,组织业主共同参与小区物业管理,制定物业服务标准、收费标准。物业管理实现全流程"管理＋服务＋运营"模式,保证物业服务效果,实现物业管理的专业化和常态化。做好应急保障,平战结合,发挥物业在特殊时期如自然灾害、疫情期间的作用。

2. 建设连接型社区

社区治理的核心是社会空间,连接型社区主要指在空间和社会关系上,社区、居民和其他组织广泛连接,形成一个紧密的、共建共治共享的社会空间网络。连接型社区是以"人民为中心"的社区的存在形式,后疫情时代传统社区必须转型到连接型社区。连接型社区不仅能促进城乡联系和融合,而且把多元主体进行广泛而紧密的连接,在基层尺度奠定了社会治理的坚实基础。在遭遇重大社会公共事件时,连接型社区因其建立了长效的、智能化、差异化、多主体共治的机制,也将具有更大的治理弹性,从而平稳渡过危机。连接型社区建设的核心是"空间共建、社群共治、福利共享"。空间共建指以社区居民为主建设社区基础设施和自然环境等物理空间,规划和增加社区公共空间,提升社区的公共服务并营造出适宜居民交流交互的社会空间。社群共治强调在尊重社区居民多样性的基础上,倡导和鼓励与社区居民相关的企业、社会组织、志愿者、媒体、学者等多元主体参与共治,并形成长效的衔接和协调工作机制。福利共享是基于社区的共同价值,积极协调和平衡本地人与外来人口之间的利益,建立地方认同,通过日常生活和情感互动创建社区共同体。

首先要进行新的社区规划和空间重构。通过以连接型社区为核心的社区规划和相应的制度安排,为社区居民提供更多社会公共空间。新的社区规划或社区更新重在改善公共设施和公共空间,并加强自然空间与社会空间的关联。社区空间重构要贯彻以人为本,充分考虑不同居民的利益,尤其是增加边缘和弱势群体如老人、妇女、儿童和残疾人等的社会空间,并增强不同社会群体的人际互动和情感交互。

其次要推行智能化的多主体参与共治。在政府主导发展壮大专业化的社区规划、建设和服务队伍的同时,鼓励居民个体、企事业机构和公益组织参与社区建设、规划和更新。积极运用互联网、物联网、社区微信群等信息化手段,实现社区居民和不同主体的智慧连接,通过定期"线上"与"线下"活动相结合的工作方式,培养社区认同感,最后形成便捷有效的智能化、多主体共治模式。

再次,分类指导与差异化治理。社区建设应坚持党建引领和政府主导,并根据地方和社区实际,探索行之有效的差异化治理模式。对城市、农村、小城镇、城乡联合体、城中村的社区进行因地制宜的分类指导。选择发达与欠发达地区、沿海与内地等不同地域类型的典型社区,先进行因地制宜的连接型社区建设试验,然后逐步推行同类型的成功经验。

连接型社区的建设尤其重视促进城乡社区融合。加大农村社区和贫困的城市社区的公共建设力度,缩减城乡社区公共服务和治理差距,促进流动人口在城乡社区之间的经验交流与文化交融,进而缓解流动人口的管理压力。搭建以社区为载体的职住帮扶管理平台,促进农民工等流动人口逐步融入城市社区,并切实保障非户籍居民参与社区建设和自治的权利。通过提供就业培训、子女教育以及其他社会福利等措施,鼓励流动人口参与社区服务和管理。

最后是建立长效的社区治理机制。加强社区内部居民之间的联系,促进居委会、业委会等内部组织之间及其与居民之间的连接,建立社区与其所属街道(或乡镇)以及社会组织、非政府组织和企事业机构的联系,鼓励城乡社区间衔接互助,明确社区的地理区域与权责边界,使居委会成为连接社区居民与社会、社区组织和党政机关之间的中间纽带,建立常规的、可持续的社区群体组织,通过老年人、业主、学生、志愿者等不同人群的聚合来强化社区凝聚力,进行社区工作培训,将参与社区工作和服务作为学生、职员和公务员升学或晋职考核标准之一。

第四节　社区多元共治机制及韧性提升路径

社区多元利益主体协同共治与社区韧性实现是一个复杂的过程。随着老龄化程度日益加剧,超大城市社区更新适老化改造成为重点工作,尤其是在现有多层住宅中安装电梯越来越受到重视。本节以上海首个成功加装电梯的社区为例,通过分析该社区多方利益相关者在社区更新治理中的互动、协商并最终形成集体行动,进而归纳超大城市社区多元共治及其韧性实现机制。

一、社区多元共治过程

1. 居民自主协商

为解决社区老龄人口出行难题,在社区党员同志和楼组长的带领下,社区居民自发成立电梯联合施工小组,负责加装电梯的各项事宜,包括承担征求业主同意、费用缴纳、电梯管理等公共责任,并组织专家咨询会、听证会等解决居民在电梯加装过程中的各种困惑和疑虑。在此过程中,针对部分反对加装电梯的居民,联合施工小组成员开展了全方位的思想动员工作,不仅为居民进行面对面答疑解惑,还邀请社区居民体验了样板电梯,直至居民最终达成同意安装共识。与此同时,社区居民也多次进行利益诉求谈判和协商,确保电梯加装过程中产生的矛盾随时化解。整体而言,面对加装电梯的各项事宜,以联合施工小组为主的社区居民们充分接受多方意见建议,主动寻求专业人士帮助,有效解决了居民之间的分歧,最大程度地维护了整个社区居民的利益。

2. 政府支持引导

在本项目中,政府的角色从最初的领导逐渐转向引导,全方位支持社区更新。事实上,自2011年起,政府就出台了一系列政策文件推动既有多层住宅加装电梯。不过,2014年以前政府一直将加装电梯视作房地产开发项目,加装所需手续和小区开发一样繁琐复杂,导致项目一直进展缓慢。之后,由于居民需求迫切,加上社会各方呼吁,电梯成为社区适老化改造主要设施,政府也不断放宽政策,相关流程和手续也慢慢精简。除了提供有利政策,政府还提供必要的资金支持,比如上海市财政局发布了《关于本市既有多层住宅加装电梯试点政府补贴有关事项的通知》,规定在电梯加装完成后,政府根据施工金额为社区提供40%的资金补贴,这一政策极大地减轻了社区居民的负担。

3. 社区组织协助推进

居委会与业委会、物业等社区组织也在社区更新加装电梯中发挥着必不可少的积极推进作用。比如,当业主委员会、物业公司向居委会提出解决停车问题时,居委会立即邀请政府机构、物业管理人员、业主委员会等代表召开共治会确定应急预案,经协商,决定利用周边联建单位的资源,在非高峰时间错峰停车,于是由施工造成的停车难问题得以解决。另外,在讨论电线移位问题时,社区党组邀请业主委员会委员、物业经理召开紧急会议,最终,业主委员会和物业经理同意暂时拆除花园,电线移位问题也顺利解决。

4. 第三方机构提供服务

第三方机构包括电梯公司、施工团队等也全力协助和服务社区更新加装电梯。最初,电梯公司进入社区需经过小区居委会、物业等的认可。考虑到居民对加装电梯处于观望和怀疑的态度,电梯公司就专门为社区居民召开宣讲会、与居民面对面交流,甚至请居民体验样板梯,并在本社区附近开设了电梯服务中心,提供售后和咨询服务。在具体施工中,施工队需要征求居民对建设方案的意见,并告知居民项目的预期效果和可能的问题,遇到问题时也积极与居民协商解决方案。

最终,在政府、居民、居委会、业委会、物业公司、施工队等共同努力下,社区更新电梯加装工作顺利完成。

二、社区多元共治机制

在该社区更新的整个过程中,多元主体多次协商沟通,确保项目顺利完成,该社区安装电梯的经验也已被其他社区借鉴。回顾整个社区更新过程,居民处于多元治理网络的中心,居民通过自下而上反映自身诉求,与社区、政府、第三方进行协商与互动,参与了社区治理的整个过程,政府机构和社区组织等主体则围绕居民的诉求进行协商协调。由于居民诉求激发了公共意识,打破了以往政府主导的治理模式,多元主体彼此相互作用,通过相互协商、合作、协调,共同解决问题,推动了社区多元主体的协商共治(见图 7.4)。

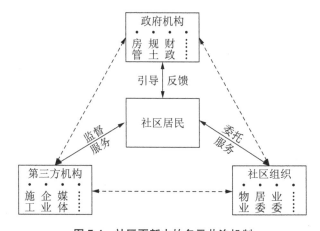

图 7.4 社区更新中的多元共治机制

三、社区韧性提升路径

社区韧性的实现依赖社区多元主体协同共治,各主体通过多元整合、多维协同,严密缝合职责链条,以筑牢整体韧性文化。整体来看,城市社区韧性提升需要激发和培育社区共同体精神、重视社区社会组织的发展、让更多资源下沉社区、发力数字化社区治理等路径。

首先是激发和培育社区共同体精神。党的十九届四中全会提出:"建设人人有责、人人尽责、人人享有的社会治理共同体。"社区作为社会治理的基本单位,是社会治理共同建设的主阵地。"社区"本意就是"共同体",其基本特征是人们之间相互熟悉,有着较为密切的社会交往和社会互动,对公共性议题能够达成共识,有较强的社区认同感和凝聚力。后疫情时期,可通过强化社区协商民主机制来培育共同体精神。协商民主要求居民就社区内公共问题进行对话协商,共同商讨问题解决办法。这种对话机制能够增加居民间以及居民与社区工作人员间的互动交往,使得各方在应对突发事件时能够迅速达成共识,减少矛盾和冲突,通力协作应对各种困难和危机。

其次是重视社区社会组织的发展。社区社会组织作为社会治理体系的重要主体,在推进社区治理体系和治理能力现代化方面发挥着重要作用。它是实现基层群众自治、推动基层民主建设的重要载体,是增强党和政府与人民群众联系的有效途径;在反映居民诉求、协调利益关系、规范志愿服务行为、提升社区服务能力方面也发挥着重要作用。完善社区治理体系需要补上社会组织这一短板。应降低准入门槛,放宽资金、住所、人员等条件,重点培育发展在城乡社区开展公益慈善、防灾减灾、邻里互助、纠纷调解、教育培训、文体娱乐以及农村生产技术服务等社会组织。培育支持型、枢纽型社会组织的发展,为社区各类社会组织搭建跨界合作和供需对接平台。为减轻财政压力,未来社区的可持续运转也需要考虑依靠社区内生资源。因此,应大力培育发展更多的社会企业,既能承担一定的社区和社会责任,又能运用商业手段来独立运营,自负盈亏。

再次是让更多资源下沉社区。社区直接联系着千家万户,社区也是承灾前线。所有的风险应对方针,都需要具体到基层社区来落实,甚至依靠基层社区才能在第一时间控制。在疫情防控中,超大城市出现了社区人力、物力明显不足的问题。同时,许多社区工作者在疫情暴发初期严重缺乏口罩、手套、防护服、消毒液、体温仪等基本医疗物资和防护装备,给基层疫情防控带来极大不便。治理重心下移,更多的是力量的下移、资源的下移。未来要重点建设一支结构合理、素质优良、充满活力的社区工作者队伍。逐步增加社区两委成员数量,提升社区工作者待遇,完善其职业晋升机制,以吸引一大批优秀人才投身社区,扎根社区。利用基层党组织的凝聚力和动员力,进一步将区域化党建工作做实做细,形成"上下左右"资源汇聚社区的常态机制。

最后是发力数字化社区治理,建设智慧平台。数字化社区治理迎来新的发展契机。数字治理现代化是推进治理现代化的关键抓手。疫情暴发和防控初期也暴露了当前智慧城市建设存在的短板。例如,有些地方出现了网上政务系统崩溃停摆;无法快速调整交通运行策略来阻断出行风险。这些问题需要反思。疫情防控让全社会认识到数字治理的重要性,也为今后推动数字技术赋能社区治理迎来发展机遇。这些在治理过程中形成的线上与线下融合的新型智慧治理范式与经验,也必将对未来城市的发展与治理产生深远的影响。所以,应建立健全以信息化为引领的服务治理"大联动、微治理"体系,驱动组织结构、业务流程、行为关系优化再造,加快推进社会治理的数字化转型。进一步推进"智慧社区"公共服务平台建设,结合"最多跑一次"改革,搭建跨部门"多元协同"社区治理基础数据库,实现各业务条线专业数据信息流畅对接和交互相行。大力推动社区信息技术建设,加大对信息管理系统、网络平台建设的投入,掌握居民骨干、党员和志愿者的数据信息,以便随时调度人力。信息平台汇集居民、物业、商家以及辖区企业的人力、物力与服务资源信息,及时汇总社区居民生活需求信息,从而构建线上供需对接机制,高效解决人口流动、交通管理、物流供应、健康管理等治理难题。整合各类信息平台,避免多个平台功能叠加、重复,严控各个平台各自考核、增加基层工作负担。

第五节 小 结

后疫情时代,在社会超流动背景下,超大城市社区发展面临着日益严峻的社会空间割裂、社区衔接和联动机制欠缺、社区老旧化严重、社区专业化管理滞后等问题,社区治理及其韧性构建成为重要的理论和实践问题。以人民为中心可作为超大城市社区治理的创新理念。以人民为中心推进社区治理,既要把为民造福、满足人的需要作为终极目标,更要充分发挥社区居民在治理过程中的核心作用。本章结合超大城市社区更新加装电梯案例深入剖析了政府机构、社区居民、居委会、业委会、物业公司、施工队等多元主体在社区更新治理中的互动、协商和协同合作过程,凝练出社区多元共治机制,并指出社区韧性的实现依赖社区各主体通过多元整合、多维协同,严密缝合职责链条。案例中的社区多元共治不仅为社区成功安装电梯作出了贡献,也为多方利益相关者协同共治提供了经验参考。城市社区韧性提升需要激发和培育社区共同体精神、重视社区社会组织的发展、让更多资源下沉社区、发力数字化社区治理等举措。未来,多元主体协商共治与社区韧性提升的互馈过程和机制值得进一步研究。

第八章
韧性与城乡治理

  快速城镇化进程中生态环境剧烈变化与社会经济结构深刻转变使中国城乡发展问题愈发突出,城乡治理面临新挑战。韧性理论与城乡治理实践存在紧密关联,但对两者关系的研究欠缺。本章以中国城乡发展问题为导向,厘清社会—生态韧性与城乡发展的关系,构建社会—生态韧性视角下城乡治理的逻辑框架。将社会—生态韧性的核心理念(耦合、自组织和学习)引入城乡规划、个体参与和政策制定,将促进城乡融合和可持续发展。

第一节　城镇化趋势与城乡治理问题

  自 2000 年以来,快速演进的城镇化进程促进了城乡人口、资源、信息等要素的大规模流动,中国城乡发展进入新阶段(Ostrom,2009;Ye and Liu,2020)。2019 年,中国城乡流动人口为 2.36 亿,约占全国总人口数的 17%,70% 以上是农民工。超流动性改变了传统的城乡边界,随着社会经济联系愈发紧密,城乡的生态环境和社会空间也发生了剧烈变化。全球气候变化以及一系列重大突发事件(如新冠肺炎疫情)进一步激化了城乡的社会—生态矛盾(Roberts et al.,2020;Li et al.,2020)。城镇化与气候变化的叠加效应使人居环境的敏感性和脆弱性骤增(罗鑫玥和陈明星。2019;史培军等,2019),给城乡居民的安全、宜居生活造成严重威胁。"双循环"新发展格局下,城市更新的方式和对象更趋多元化,城乡发展面临着前所未有的复杂性和不确定性(Chelleri et al.,2015)。

城乡治理是现代社会的重要命题。中国当前的城乡治理中既面临着长期二元结构所带来的城乡居民收入差距大、基本公共服务标准差距大、自由流动制度障碍等历史遗留问题,也面临着参管公共事务权利不平等、教育资源配置不公平、医疗卫生体系不完善、环境污染由城市向乡村转移、乡村生态破坏严重等现代性难题。超流动社会下,城乡二元分治的模式已不再适应新形势的发展要求(叶超和于洁,2020)。无论是人为割裂城乡关系,还是将城市和乡村治理分别考虑,均不利于实现城乡融合发展(叶超和于洁,2020)。由于传统的城乡治理是城乡政府自上而下的包揽管理,以显性绩效作为衡量治理效果的唯一标准,因此治理决策多以政府内部讨论决定,公众话语和参与不受重视。政府"独角戏"式的管理手段难以与城乡居民多元化的利益诉求匹配结合,不能够满足城乡居民日益增长的美好生活需要。另外,传统的城乡治理表现出对增长和高效的过分追求,将加强基础设施建设作为风险灾害防控的主要途径(修春亮等,2018)。这种治理手段是单向、被动、刚性的,成本高但效果差。当自然灾害与社会问题交织频现,基于确定性假设、以大规模投资建设为主的风险治理模式不仅会陷入"顾此失彼"的困境(Liu et al.,2020),还会削弱城乡系统自身的适应性和灵活性,给可持续城镇化带来巨大挑战(Smit and Wandel,2006;Wu et al.,2019)。

第二节　中国城乡治理的转型与韧性

一、中国城乡治理的转型

随着国内外环境不确定性增强、双循环新格局开启、疫情防控与要素流动矛盾凸显、社会主义事业进入新阶段,中国的城乡治理亟须转型,朝向以弹性为核心的多尺度治理、以流动性为动力的多要素治理和以人本为导向的多主体治理。

1. 以弹性为核心的多尺度治理

形成层级合理、灵活有机的治理机制。治理涉及全球到地方、自然与社会等多个尺度,其关系错综复杂。从充满不确定的全球公共卫生及生态环境治理到具体、微观的社区治理,不同时空尺度间互相联系、影响和转化。在不同尺度,需要对应不同的治理功能,如在国家尺度完善顶层设计和战略耦合,在区域尺度重视城乡规划,在社区尺度着重行动计划等。战略、规划和行动计划之间应该注重"对位"和"衔接",党的十九届五中全会提及国家公园建设、生物多样性保护、外来物种管控、城乡生活环境治理、新污染物治理等,其实是生态文明战略同生态环境治理的对位。

形成富有弹性的常态化治理与应急治理方式。常态化治理主要涉及从中央到地方、社区的不同尺度制度设计和安排,其间的尺度转换与衔接不是刚性的。在贯彻落实中央的顶层设计的原则下,地方应根据自身的优势和条件进行因地制宜、因时制宜,既要有原则性,又要有灵活性,实现治理的兼顾、兼容与兼在,这是弹性治理的精髓。没有一种治理模式能放之四海而皆准,"样板式"的治理产生了"千城一面""千村一面"等问题,所以,应鼓励基于地方性和地方活力的新治理路径探索。应急治理方面更需要建立弹性的响应和处理机制。类似疫情这样的全球性公共卫生事件,涉及全球到地方、个体等多尺度交错。

形成适应双循环新格局的治理体系。多尺度弹性实际上是全球化思维和本土化举措的结合,是对双循环新格局理念的落实。我国经济贸易正日益深度融入世界体系,必须积极参与全球经济治理,促进国际经济秩序朝着更加公正、合作、共赢的方向发展。党的十九届五中全会强调建设更高水平开放型经济新体制,全面提高对外开放水平,并倡导推动贸易和投资自由化便利化,推动共建"一带一路"高质量发展。《建议》进一步聚焦贸易治理,主张维护多边贸易体制,积极参与世界贸易组织改革,以及积极参与多双边区域投资贸易合作机制,推动新兴领域经济治理规则制定。因此,我国应抓住战略机遇期,畅通并探索全球尺度外循环的治理体系,为实体经济产业链与供应链的延伸创造丰富渠道,进一步提升区域和地方的发展活力,从而保障从国家、区域到城市、社区的内循环体系并相应地提升治理效率。

2. 以流动为动力的多要素治理

制定促进要素充分流动的主动治理举措。经济社会的发展活力离不开要素的充分流动。人是治理中最为活跃的要素,近几年各大城市出现争抢高精尖的技术人才的"抢人大战",而沿海地区普遍出现"用工荒",此时应积极协调人口流动和人口治理的矛盾。随着各大城市老龄化社会的到来,应当反思人口治理中的僵化管理思维,尽快将原先被动的制度安排调整为主动的治理举措。

搭建适应要素流动情景的网络数据平台。在疫情防控中,各类平台已发挥重要作用。党的十九届五中全会进一步倡议构建网格化管理、精细化服务、信息化支撑、开放共享的基层管理服务平台,并强调加强宏观经济治理数据库的建设,这将成为提升宏观经济政策的调节能力与经济风险防控能力,推动我国加快建设现代化经济体系的重要依托。除此之外,在科技、教育、生态、公共服务等领域,各部门均需依托大数据等现代技术手段,搭建数字化、智能化的治理平台,实现精准、科学、高效的多要素治理。

3. 以人本为导向的多主体治理

激活多元主体参与的城乡基层治理体系。党的十九届四中全会除了重视把党的领导落实到国家治理各领域各方面各环节,以及构建职责明确、依法行政的政府治理体系,更为关注人民在国家治理中的主体地位,提倡探索多元主体构成的共建社会治理共同体,完善共建共治共享的社会治理制度。在疫情早期,正是由于快递小哥、志愿者等普通人以及慈善组织等民间团体参与其中，及时弥合当地政府主导下治理模式的不足。在确保党始终总揽全局、协调各方的基础上，政府不再是唯一的、主导的主体，应通过权力下移，将资源、服务和管理下放给基层。党的十九届五中全会时，进一步强调发挥社会组织在社会治理中的作用，尤其是畅通和规范市场主体、新社会阶层、社会工作者和志愿者参与社会治理的途径。此外，落实党的十九届五中全会提出的完善基层民主协商制度，将有助于提升社会治理的协同化和民主化水平。不论在城市治理还是乡村治理中，应尽可能地让多主体参与到治理过程中，释放活力、形成合力，提升社会治理成效。

秉持以人为本的治理价值导向。目前，我国社会主要矛盾是人民日益增长的美好生活需要和不平衡不充分的发展之间的矛盾，我国仍然普遍存在区域差异、城乡差异、收入差异。一方面，应关注欠发达的地区与贫困乡村的治理，既要采取异地搬迁等多种手段支持脱贫攻坚，激发各地内生发展动力，也有必要推进可持续的人居环境与生态环境改善。另一方面，应关注农民工、低收入阶层及其他弱势群体。据《中华人民共和国 2019 年国民经济和社会发展统计公报》显示，全国农民工总量超过 2.9 亿人，农业转移人口市民化成为今后几个发展阶段中关键的改革任务和治理议题。2019 年全国住户收支与生活状况调查数据显示，全国家庭共有 6.1 亿人平均月收入在 1 000 元以下。保障就业、提升收入，扩大中等收入群体，既符合共同富裕的要求，更有利于我国社会的健康与稳定。因此，在市域和乡村基层治理过程中，应秉持人本化理念，坚持社会主义核心价值观，推动区域与城乡协调发展，采用更合情合理的途径化解矛盾，不断完善城乡基本公共服务和社会保障，以人的发展和人民美好生活为最终目的，让公众产生幸福感、获得感和归属感。

总之，在错综复杂的国内外环境中，城乡治理多元化转型恰逢其时。面对不同的空间尺度与发展阶段、不同的治理对象、不同的社会群体，应当在全球百年未有之大变局中创造治理弹性，在超流动社会中提升治理效率，在多主体协作中凸显人本性的价值导向,从而形成中国特色社会主义治理体系。

二、将韧性引入城乡治理

党的十九大以来,随着国家整体发展理念从管理向治理的深刻转变,城乡治理模式和具体制度也迫切需要革新。在全球剧变的新形势下,应对生态环境和社会问题叠加的社会—生态风险、系统地增强城乡对变化和意外的适应能力、推进治理现代化改革是城乡治理的关键(Romero-Lankao et al., 2016;朱晓丹等,2020)。社会—生态韧性理念对城乡治理至关重要。然而,社会—生态韧性尚未应用到城乡治理中,社会—生态系统(social-ecological system, SES)理论与城乡治理相结合的研究还非常少见。对于城乡社会—生态系统而言,增强适应能力有助于其有效应对广泛的不确定风险与挑战。因此,亟须在社会—生态韧性理念与中国的城乡治理实践之间搭建桥梁。从社会—生态系统的关键概念——韧性出发,反思并探讨城乡治理的新思路和新途径,已成为当务之急。本书通过诠释社会—生态韧性的要义,建立起社会—生态韧性和城乡治理的关系,构建了基于社会—生态韧性的城乡治理逻辑框架,以期为中国城乡治理的理论和实践创新提供参考。

韧性是生态学、工程学、灾害学、心理学等学科的重要概念。社会—生态韧性建立在 SES 理论框架下,是社会—生态系统在变化中能够持续发展的能力(Liu et al., 2019)。社会—生态韧性的理论基础是适应性循环(Adaptive Cycle, AC)(Walker and Salt, 2006; Pickett et al., 2004)。AC 模型包括开发(exploitation)、保护(conservation)、释放(release)和重组(reorganization)四个阶段。在开发阶段,系统不断吸收新要素,通过建立要素间联系而获得增长,因此韧性较高;在保护阶段,系统逐渐进入稳定状态,随着要素组成的固化,韧性开始降低;在释放阶段,系统经历创造性破坏,韧性又逐渐上升;在重组阶段,韧性强的系统会实现新发展,再次进入开发阶段,往复实现适应性循环,而韧性差的系统则会脱离循环,彻底崩溃。传统的生态系统管理方案将核心工作置于开发和保护阶段,出于短期效益考量,把对扰动的防控作为优先事项,忽略了系统的适应性和恢复力。在 AC 理论的基础上,冈德森(Gunderson)和霍林于 2004 年又提出扰沌(Panarchy,多尺度嵌套适应性循环),用以模拟复杂系统跨尺度嵌套的适应和进化本质(Gunderson and Holling,2002)。社会—生态韧性概念的提出意味着学界对于社会—生态系统的发展演化途径有了全新认知。在不可预知的复杂环境下,社会—生态韧性强调"拥抱变化",倡导"变才是唯一的不变"(Nadja et al.,2016),培育对变化和不确定性的适应机制是社会—生态系统演化发展的核心(Biggs et al.,2009;李玉恒等,2019;McPhearson et al.,2015)。社会—生态韧性为人类理解和应对环境变化以及制定灵活有效的应对方案提供了新视角(Armitage et al.,2007)。识别和避免生态稳态转换(比如荒漠化、湖泊富营养化和全球变暖)是增强社会—生态韧性的关键(Folke,2006)。

社会—生态韧性是社会—生态系统的动态属性,对这一属性的深层次解读需要关注三个要点。第一,社会—生态系统是社会子系统和生态子系统相互交织、密切关联的耦合系统,是基于二者之间相互影响相互作用形成的耦合共同体。社会—生态系统兼具系统整体性和内部层次性特征,既不能将社会和生态子系统割裂,又不能简单机械地将其叠加处理。人类社会的持续发展演化离不开其赖以生存的自然生态系统,而人类活动在全球、区域和地方等不同尺度产生的生态影响又不可逆转、无法消除,将社会和生态系统视为耦合的整体系统,有助于理解系统内部组分的格局、过程、交互与反馈对系统整体发展演化的重要作用。第二,耦合的社会—生态系统受非线性因果关系所驱动,系统要素的自组织及其跨尺度协调对于社会—生态系统在扰动后迅速重组、恢复,以及成功迈向理想轨迹至关重要。高度自组织性是社会—生态系统维持韧性的保障。第三,持续学习、培育对变化和不确定性的适应性是社会—生态系统治理的核心。对于特定的社会—生态系统,通过建立历史扰动机制、反馈关系、稳态转换、阈值、跨尺度互动,以及对未来情景进行模拟预测,不断调整治理策略,有助于确保系统与意外和不确定性处于动态的发展演化中。

由于社会与生态系统的相互制约,韧性的实现不仅需要社会维度的努力,还要求生态维度的积极响应。如果只关注社会系统的自适应和自组织,将生态系统看作一个"黑盒子",势必会造成社会—生态系统整体运行陷阱,因为通常这种适应性会以牺牲生态为代价;同理,只关注生态系统而忽视社会方面往往也会导致狭隘甚至错误的决策(Folke,2006)。

第三节　基于韧性的城乡治理逻辑框架

一、韧性与城乡治理的联系

韧性起源于系统生态学,该理论建立在社会—生态系统理论框架下:假设社会—生态系统是相互作用、相互影响的耦合复杂系统,这一耦合系统具有复杂适应性并且由于非线性因素的驱动影响,系统处于持续的动态变化中。显然,这一假设认为社会—生态系统的本质是动态的、非线性的和自组织的,无论是否发生外界的扰动,都充满了不确定性和不连续性(Liu et al.,2008)。这一假设给传统的城市系统治理决策,以及基于均衡、稳定、可预测的系统认知提出了挑战。从本质上看,社会—生态韧性摒弃了对秩序、确定性和稳定性的迷恋模式,倡导要"拥抱变化",重视更新、改变、变革能力,主张"变化才是唯一的不变"。此外,社会—生态韧性理论认为构建适应能力是社会—生态系统治理的核心,在实践中要优先考虑适应性治理模式以及关注跨尺度交互的联系和影响(Walker et al.,2009)。作为一个相对较新的术语,社会—生态韧性越来越多地出现在治理理论和实践中,究其原因,可归结为三点。

首先,持续加剧的环境风险提醒人们重新审视人类活动与自然环境之间的互馈影响(Lebel et al.,2006;Liu et al.,2007;Walker et al.,2009)。人类活动对生态系统服务和人居环境持续恶化应负主要责任,将社会和生态系统视为相互依赖、互为基础的有机整体,对于治理实践理解和应对环境风险具有重要意义(Fischer et al.,2009)。随着生态文明建设被列为国家战略性任务,城乡治理需要坚持人与自然和谐共生的原则,把增进人民福祉、满足人民利益作为经济社会发展的出发点和落脚点,用最严格的制度和最严密的法治保护山水林田湖草生命共同体(陈明星等,2019)。将城市和乡村视作现实世界中的社会—生态系统,通过对山水林田湖草等生态资源进行综合保护与修复,不断增强其协同力和活力,可充分发挥其在解决环境危机中的重要作用。

其次,在意识到风险挑战的复杂性、不可预测性和必然性之后,社会—生态韧性理念为重新思考治理实践提供契机(Evans,2011)。为使治理在应对变化时保持有效性,社会—生态韧性为其提供了分阶段的策略,包括引发变化、在变化中保持发展、为变化后的重组培育条件等具体方面(Salat,2017)。对于城市和乡村的治理来说,面临的不确定性可能促进其向更可持续发展的方向转变,也可能导致其彻底崩溃,因此治理过程需要重视"在做中学"(learning by doing),对未来可能发生的意外和变化做出判断、留有余地(Wilkinson et al.,2011;Wigginton et al.,2016),鼓励多元主体、多个尺度之间的协作和对话。

此外,社会—生态韧性与城乡治理在重视多学科知识集成、强调跨尺度协调,以及致力于实现可持续发展等方面具有共性(Goldstein,2009),因此二者可以进行跨学科学习和借鉴,尤其城乡治理可以从社会—生态韧性领域获得启发。

二、韧性理念下的城乡治理逻辑框架

社会—生态韧性理念可为解决我国的城乡发展问题和引导城乡治理现代化提供借鉴(见图 8.1)。第一,社会—生态耦合理念揭示了人类与自然共生共荣的关系,与传统的城乡治理过程中人地二分、城乡分割、重视社会经济发展而忽视生态环境形成鲜明对比。在城乡规划中,尽管人地关系及相互作用是其主要对象,但传统规划很少突出强调生态因素的重要作用。随着空间治理由土地利用管控转向追求不同功能空间协调发展,生态因素不应被继续忽视。对于城乡治理具体实践而言,在应对生态环境危机中,应避免继续将城乡空间人为割裂,而应以协调人地矛盾为导向,在城乡/空间规划中纳入生态系统服务和绿色基础设施等实质性事项,建立起生态系统与人类福祉的联系,以生态文明的价值观来处理规划过程中的各类关系,并将其与各层级的治理结构相融合,形成以空间地域为单元的城乡综合治理的实现手段。第二,多元社会主体的协同合作及其与生态环境的良性互动是社会—生态系统与不确定性共同演化、实现可持续发展的重要保障。为实现城乡的高质量和可持续发展,城乡治理过程要重视多元利益整合,积极发挥企业、社会团体、个人的参与能量和贡献力量,培育不同主体的协作和创新能力,形成多中心治理体系,使治理不再是政府一元独大、自上而下式的管控,而是多元利益诉求平衡和平等协商的过程。不同利益主体要责权共享,共同为城乡治理决策贡献力量。第三,社会—生态韧性倡导持续学习,通过培育系统的适应能力使其灵活有效地应对广泛的不确定性。城乡系统具有明显的差异、动态和开放性特征,传统上不顾具体对象的刚性政策越来越难以在治理过程中有效地执行。为确保政策的适应性,城乡政策制定要持续调整,允许其通过变通、差异和例外来保证足够的弹性和开放透明性,这样才能实现刚性执行并最大限度地体现公平。

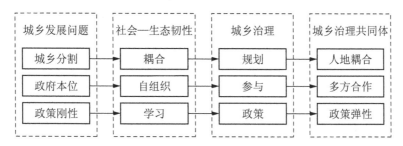

图 8.1　基于韧性的城乡治理逻辑

社会—生态韧性对城乡治理的重要影响体现在其既可作为提出、分析问题又可作为解决问题的框架(Wilkinson,2012)。尽管最初并非源自城市/乡村环境,社会—生态韧性理念在处理社会响应时有局限,但因强调以系统性思维理解和应对复杂的发展问题及其动态变化,并且倡导要保持系统的灵活和适应性而非追求稳定,在快速城镇化、全球环境风险持续增加的背景下,社会—生态韧性有潜力为城乡治理的创新与转型做出贡献(刘志敏和叶超,2021)。

第四节　韧性视角下中国城乡治理的路径

一、以人地耦合为核心理念进行城乡协同治理

由于人类活动边界的不断蔓延并作为重要力量参与地球生态环境的演化(Brugge and Raak,2007),当前城市和乡村生态空间被严重蚕食,生物多样性锐减,生态系统服务供不应求,城乡的安全、宜居和可持续发展面临严峻考验。基于"人—地耦合"理念的城乡治理要将城乡空间作为有机整体,以服务区域生态良性互动为目标,优化生态空间的规模、密度和形态,对生态环境从被动管控向主动塑造转变。利用生态系统服务这一工具建立起城乡生态系统动态和居民福祉之间的联系,推进城乡协同治理。城乡空间对

土地利用的总体安排决定了生态系统服务的可用性(Portugali，2008)，将生态系统服务纳入城乡空间治理决策并优先考虑生态系统服务的供需关系。具体以空间规划为手段，对提供生态系统服务的绿色基础设施结构进行优化布局，合理配置山、水、林、田、湖、草，通过"混合式的精准土地使用"，实现居住、商业、教育、绿色公共空间的高效率利用，保证城乡自然与社会空间的协调配合与共同进化，确保生态系统服务无论在任何情况下都能充足稳定地供应(Holt et al.，2015)。

生态系统服务的生产和供应模式以及人居环境的改变不仅取决于城市或者乡村自身，还依赖于城乡之间的互动与相互支持。除了持续、多样化供应外，统筹安排城乡生态系统服务是亟须切实关注的现实问题(Birkmann et al.，2014)。城镇化进程使得城市的土地利用独立于区域传统的生态条件，城市开发建设使得周边农田和生态用地大规模破坏，同时造成城市内可供应的生态系统服务的数量和质量明显下降。但从需求方面来看，由于人口更多更密集，以及暴露在气候风险中的可能性更大，城市对生态系统服务的需求通常更大。通过生态系统服务的供需关系将城市和乡村联系起来，使供给侧和需求侧的生态系统服务相匹配。因此，城乡治理的最理想方式是城乡共治，突破传统行政边界，以居民和具体风险应对需求为出发点，统筹协调城乡公共服务的供需配置。

二、以自组织为原则构建城乡多层级治理网络

当前的城市和乡村治理体系在很大程度上是基于效率原则的管理，而不是基于共同性和情感认同原则纳入多元主体共同参与的治理共同体。以自组织为原则构建城乡多层级治理网络，要求城乡治理实践执行的个人、社区、政府和非政府组织等不同利益主体权责共担，形成多中心的治理体系，并且以社会网络的形式在不同的层级和尺度上存在，使城乡系统能够以特殊的方式灵活运行，打造共建共治共享的城乡治理格局(Hillier，2007)。另

外,由于不同的适应过程在不同的层级/尺度上发生,城乡多层级治理网络既需要考虑利益相关者之间多重目标的冲突协调,也要考虑其与生态规模的匹配,还要求法律、政治和金融等不同组织机构的支持(Yamagata and Sharifi,2018)。在应对不确定挑战方面,模糊政府和公众在治理过程中的不平等地位,以关键领导力为核心,通过授权和监管等形式,鼓励治理网络中的多方主体相互联结,增进政府、社会组织和居民的互信和认同,实现良性有效的互动合作。多主体的配合互动有助于构建协作共管机制,尤其可通过监督反馈,调整治理方案,形成一种持续适应的治理模式。

以自组织原则构建城乡治理体系要突破"一刀切"模式,推动和发展多样化的治理方案。城乡系统的异质性意味着其所面对的民生福祉问题大相径庭(赵瑞东等,2020),居民关注的公共问题和公共空间的建构需求也不同,因此城乡的社区、"农家乐"经营、流动摊贩等治理过程需要满足不同群体的多种利益和个性化需求,打破以政府行政力量统一提供的治理服务的局限性,通过积极探索不同主体的治理潜力,有效弥补政府单一力量的不足。

三、以培育自适应能力为路径推进城乡适应性治理

城市和乡村作为开放系统,受到多重风险的威胁,这些风险在一系列时空尺度上发生变化和相互作用。相较于急性冲击(火灾、地震、暴乱等),那些慢性压力(城镇化、气候变化、贫困等)才是决定系统结构和临界阈值的关键(成超男等,2020;Pelling and Manuel-Navarrete,2011)。如果不能认识到慢变量的严重影响,缺乏对其进行人为干预,则会导致慢变量超过临界阈值,造成系统崩溃。近年来,基础设施、电子商务、社交媒体、移动互联网迅猛发展,重塑了我国城乡人口、信息和资金要素的流动方式。城乡治理是一项复杂的系统工程,既是为当前计划,更是为长远谋划,在日益复杂的内外部环境下,尤其要重视"慢变量"影响,出台与适应渐进性变化相匹配的弹性

发展政策。以培育自适应能力为路径推进城乡适应性治理，一方面要求社会子系统充分预期未来的多种不确定性，通过弹性的政策设计，将这些不确定性应对方案运用到对生态系统的干预配置中，为引导变化和意外做好准备（Garb et al.，2008）；另一方面，城乡治理过程要不断对已有经验进行反思和学习借鉴，并及时做出调整，通过保持治理的弹性以增强其适应性。城乡适应性治理的本质建立起一种治理过程与城乡内外部变化的共演化机制，把不确定性看作"机遇"，把治理政策安排当作"实验"，通过不断地在实验中积累经验（Moench，2014；Kato and Ahern，2008），持续调整完善相应的制度和决策，使城乡治理过程更好地适应内外部变化与不确定性。以应对新冠肺炎疫情为例，如能未雨绸缪地做好重大突发事件应急治理工作，建设政府干预和社会联动相结合的治理体系，则可从根本上降低疫情蔓延风险和提升防控效率。培育系统的自适应能力既要整合最好的现有知识预判未来发展可能面临的不确定风险和突变可能性，更要不断更新知识和积累经验，通过实施弹性的政策，保证城乡治理安排对日益复杂的变化和不确定风险的适应性。

第五节 小 结

随着全球剧变和城镇化的快速演进，城乡要素流动频繁，城乡转换不但面临极大的不确定挑战，也面对生态与社会问题交织的复杂风险。传统的城乡治理模式已不能适应新时代的要求，亟须引入新的理念和途径。韧性因强调社会（包括社会、文化和经济等）和（自然）生态系统的互馈影响，以及通过持续学习培育系统的适应能力，对城乡研究和治理实践尤为重要。尽管如此，社会—生态韧性还未在城乡治理领域受到足够重视。构建社会—生态韧性与城乡治理联系的逻辑框架是城乡治理模式创新的关键。

　　韧性常用于可持续科学领域,表征复杂系统在变化中持续发展的能力。由于建立起人类福祉、生态阈值与社会响应之间的互动与反馈机制,揭示了人地协调发展在应对环境风险,以及实现可持续发展中的重要作用,有潜力为更具适应性的城乡治理做出贡献。解决城乡发展中城乡分割、政府本位和政策刚性等治理难题,需要将社会—生态韧性理念引入城乡治理,将韧性的关键(耦合、自组织、学习)与城乡治理机制(规划、参与、政策)进行匹配,通过统筹考虑社会和生态问题、多元主体协商合作和弹性的政策设计,促进城乡协同治理,实现城乡的高质量融合和可持续发展。以人地耦合为核心理念进行城乡协同治理,以自组织为原则构建城乡多层级治理网络,以培育自适应能力为路径的城乡适应性治理是未来城乡治理的要点。在城乡规划由土地利用管控转向追求空间协调发展转型之际,以国土空间规划为工具,以提供生态系统服务的绿色基础设施为对象,在持续关注和监测城乡生态系统动态、将生态系统服务纳入城乡空间治理并作为优先事项的基础上,基于生态系统服务供需关系,统筹协调城市和乡村绿色基础设施的整体布局安排,推动城乡治理共同体的建设。

第九章
韧性导向的城乡规划

城乡和空间规划对于城市的韧性发展具有重要意义。城市的复杂性和不确定性骤增致使传统上基于确定性假设的规划手段在持续引领城市的安全、健康和可持续发展方面表现出越来越多的不适应。韧性理论由于从根本上重视生态因素、强调跨尺度协调和适应性治理的重要性,在城市生态危机、人类命运共同体构建受到普遍关注的时候,有潜力为城市规划理论与实践范式变革提供启示与借鉴。本章旨在应用多学科知识、方法和技术实现绿色基础设施网络构建与优化,为韧性导向的城乡空间规划实践提供参考。

第一节　韧性的规划学意义与城市适应性规划

一、韧性与规划的关系

随着人类成为改变地球环境的主导力量,城市地区面临着不断加剧的脆弱性、不安全性和不可持续性挑战。预计未来,人类活动可涉足的地域范围将进一步拓展,并且对地球环境造成的复杂影响将会加剧,充满意外和不确定性的生态环境风险将会成为城市发展过程中的常态。当前城市地区所经历的气候变化、资源短缺、发展轨迹不可持续等挑战可能长期存在并且愈演愈烈。在此背景下,韧性理论成为解决潜在社会和环境威胁的重要指导理念，多个自然、社会科学相关的研究领域纷纷展开了城市韧性的研究与实践尝试（Porter and Davoudi，2012）。

　　韧性理论对城市和空间规划有重要意义。韧性不仅为规划提供了一个关注和响应不安全、不可持续、不确定风险的新思路，而且还提供了一种新的规划范式，使得规划决策更可能应对多重、大规模的城市社会经济和生态环境变化。将韧性理念运用于城市规划的理论与实践中，更好地将自然生态系统与社会（人）要素联系起来，在当前环境危机日益凸显的情况下，有助于从根本上改善人地紧张关系，进而将城市发展带上更加可持续的轨道。

　　韧性理论与规划关系的研究始于 20 世纪 90 年代末期，当时是为了应对社会制度调整、环境威胁，以及提升物质基础设施的抗干扰能力。因此，这一时期的规划主要强调在地方层面进行关于应对风险扰动的准备和减缓行动（Rinaldi，2004）。这类规划与传统的土地利用规划方法很类似，其目的都在于规避可能的风险或者是将风险扰动的影响最小化。此后，韧性规划的内容逐渐拓宽，比如增加了以减少温室气体排放为目的的气候变化减缓策略。最近几十年，随着气候变化影响越来越严峻，除了减缓策略外，为促进规划的灵活和有效性，适应性内容也被纳入城市规划中。城市/空间规划对韧性理念的具体响应在于可通过安排城市空间结构来发挥城市对于气候变化的韧性，比如在规划过程中识别脆弱群体和不确定情境的空间位置，从而因地制宜地制定具体解决方案，包括运用土地利用设计、建筑街道设计来调节城市格局和形态营造可持续的城市形态等，提升城市对于以气候变化为主的不确定风险的缓解能力和适应性（Klein et al.，2003；Gunderson，2001；Frazier et al.，2014；Huntjens et al.，2012；Tyler and Moench，2012）。

　　韧性思维在规划中的应用也有很悠久的历史。早在《雅典宪章》中提出秩序空间的愿景，就是工程韧性很好的体现。当时，整洁有序的城市地区被认为是理想的且具有韧性的城市形态，城市在空间上的均衡主要是通过规划手段实现的。当代城市规划强调关注生态系统的重要性,特别是通过协调人地关系来实现城市可持续发展。这些都是城市韧性理论在规划中的体现。然而,在实际的操作中,生态因素却经常被规划师所忽视。

城市韧性理念提供了一种跨学科的规划方法,将城市设想为一个复杂适应性系统,这种跨学科的方法旨在将韧性的社会、经济、环境等方面通过空间规划联系起来,然后协同促进城市系统可持续发展。空间规划可作为一个过程,既要能够有效地响应城市环境中的不确定性,还要考虑创造或塑造城市环境的变化,通过不断学习、调整,逐渐向可持续的轨迹转变。在规划领域呼吁更多地关注实质性问题并且越来越重视如何增进城市的韧性与可持续性时,韧性理论由于强调人地相互影响和相互依赖关系,因此可在增强规划的适应性方面发挥重要作用。要想实现城市韧性,在规划中更多地纳入生态的考量已成为国际学者的普遍共识,但在具体实践中如何操作还有待深入思考(Kates et al., 2006)。

二、韧性对规划理论和实践的启示

在规划领域,韧性还是一个相对较新的术语。不过,规划相关的研究和实践越来越表现出对韧性理论的关注和重视。究其原因,可归结为以下四点。第一,过去几十年对追求可持续目标的努力并没有阻止城市生态系统服务能力继续下降,这使得人们逐渐认识到城市对地球生态环境的恶化应负主要责任,而将人与环境视为相互影响和相互依赖的整体系统有助于解决城市的这一现状困境。此外,规划应给予实质性问题(这里指生态问题)更多的关注,而不是一味地重视过程而忽视实质问题(Fischer et al., 2009)。第二,在认识到环境风险具有偶然性、不可预测性和必然性之后,韧性理念为重新思考规划以有效应对不确定性提供了新思路(Evans, 2011)。第三,由于被国际城市治理决策所采纳,韧性的影响力越来越大,而城市规划作为与治理相关的领域,有必要及时对这一理论的科学性、合理性进行检验。第四,韧性和规划之间可以进行跨学科相互学习,因为其从根本上关注人地关系及其空间性、与实践领域直接相关、关注复杂系统中的跨尺度交互影响,以及二者均追求可持续发展目标(Wilkinson et al.,2010)。

韧性的核心是适应性循环理论。为了论证系统发展演化是非线性的,霍林在生态系统演替的过程中纳入适应性循环模型。传统的生态系统管理方案将核心工作置于开发和保护阶段,于是把对扰动的防控作为优先事项,但是这种做法忽略了对系统整体灵活性的影响。因此,2004 年时冈德森和霍林又提出扰沌理论,用以强调适应性的跨尺度变动。自霍林提出韧性理论之后,人们对韧性的理解经历了几次重要转变,最终形成的基本共识是:要以系统性思维去理解社会—生态(人地)耦合系统,将其视为一个整合的互馈系统;社会因素会对生态系统的适应性产生重要影响;韧性不仅是系统对扰动的抵抗,还包括由扰动所带来系统的结构进化、发展轨迹更新等机遇。

弗里德曼(Friedmann)曾提及规划理论的几个关键任务(Friedmann,2008),其中之一就是转译任务,即规划理论要将其他领域的先进知识转译到规划领域,通过这些知识在规划实践中的应用,以促进规划的效用(Friedmann,2008)。将韧性理论转译到规划理论中需要明确其基本假设:社会—生态系统是相互联系相互作用的互馈系统,这一系统具有复杂适应性,建立适应能力是社会—生态系统治理的关键目标。在这一假设的基础上,分析城市社会—生态韧性对规划理论的潜在影响,并将其转译到规划理论中,有助于规划理论能够参与并与时俱进地解决那些过去被忽视但却是城市走出困境必须重视的问题。

1. 重视生态要素的重要作用

社会—生态韧性假设社会经济和生态系统是相互影响、相互依赖、相互关联的整体系统,这与传统的人地二分法、过分关注社会要素而忽视自然环境等观点形成了鲜明的对比。传统观点认为环境系统是稳定的、具有无限韧性,不仅系统内部的资源流可控,而且当消除人类的压力时环境系统可以进行自我修复,然后重新回归平衡状态。相反,社会—生态系统理论认为跨尺度交互的本质导致了人为压力的影响不可能轻易消除,因为人地之间的相互作用关系越来越复杂,而且人类活动会在全球、地方和区域等多个尺度上产生不可逆转的生态影响(Turner et al., 2003)。于是,城市韧性的研究者希冀利用生态系统服务这一工具建立起生态系统和人类福祉之间的联系,进而介入城市社会—生态系统治理尝试。此外,生态系统服务之间的权衡会影响社会—生态系统的韧性。

事实上,人地关系及其相互作用也是规划领域关注的核心。城市规划作为一门学科出现以来,芝加哥学派、早期的英国城市规划师比如霍华德(Ebenezer Howard)、格迪斯(Patrick Geddes)以及受其影响的芒福德(Lewis Mumford)等就关注如何通过实践塑造人地关系。20世纪70年代,环境规划成为一门分支学科。最近几十年,人地关系也通过可持续理论与实践的探讨以及由于气候变化出现而进一步被深入探索(Rydin, 2010)。尽管如此,规划理论却很少突出地强调生态因素的重要作用。

社会—生态韧性通过强调社会和生态系统之间的相互依赖关系进而揭示关注生态因素的重要作用。社会力量不仅对生态系统产生重要影响,还依赖生态系统而存在,并且这些影响和依赖可跨时空尺度发挥作用。于是,在规划理论家强调同时关注过程问题和实质问题时,生态因素就不该被继续忽视。规划理论中应考虑纳入生态系统服务规划的方法、手段和决策等重要的实质性事项。

2. 认识到变化的动态性和双面性

城市社会—生态韧性理论假设相互联系的社会—生态系统是复杂适应性系统。复杂适应性系统受控于非线性因果关系,并具有不断适应和共同进化的能力,具有不可预测和控制的特征。社会—生态韧性将复杂性理论应用于城市社会—生态系统,而且依赖系统性的分析工具来理解系统中的动态关系,并据此管理社会—生态系统,使其朝着理想的轨迹发展演化。因此,了解历史扰动状态、互馈关系、阈值、未来情景预测等对于管理社会—生态系统很重要。适应性循环有助于更好地理解复杂适应性系统的动态变化。不过在适应性循环中,所有的变化都是能够预期的,因此对其科学管理就能够增强系统的韧性。但对于真实的城市系统而言,其面对的变化可能源自城市系统内部也可能源于城市系统外部;这些变化可能是有益的,促进系统向可持续发展转变,也可能是有害的,导致系统崩溃(Goldstein,2009)。此外,适应性循环是跨尺度嵌套的,尺度间的协调对于系统成功地进入理想的发展轨迹至关重要。鉴于跨尺度互动以不可预测的方式产生影响,因此对于生态系统服务能力下降这一事项进行预防性治理就表现出突出的重要性。

　　规划研究对城市系统的动态分析也基于复杂性理论,比如基于复杂性理论形成了耗散城市(dissipative cities)、分形城市(fractal cities)、沙堆城市(sandpile cities)、网络城市(network cities)等,说明城市会表现出与复杂适应性系统相关的行为模式,而且城市本身属于双重自组织系统,其组成要素分别都是具有学习、反思、决策能力的复杂适应性系统(Portugali,2008)。因此,在很早之前,城市规划就应用复杂性理论进行城市系统的动力学分析。最近,规划理论家开始关注实质性问题,希望找到应对那些复杂、不可预测又必然会发生的意外风险的途径。社会—生态韧性对其的启示意义在于,社会—生态韧性表明了系统动态的复杂适应性和非线性,跨尺度影响会以不可预测的方式产生反馈,这就表明了在城市系统中进行跨尺度协同治理对于防止生态系统服务能力继续下降的紧迫性。另外,传统的规划范式是假设稳定解释变动,而社会—生态韧性理论则表明假设变动才能解释稳定性,要为系统中可能的"意外"和"变化"留有余地,这样才能保证规划的有效性(Brugge and Raak,2007)。在当前的规划领域,尽管对自然灾害及其破坏性影响的关注逐渐增加,但却依然是确定性的美好蓝图。此外,要辩证地看待"意外"和"变化",社会—生态韧性揭示了多重、持续的扰动会降低系统的韧性,但有时也会成为城市创新、转型发展的源泉(Pelling and Manuel-Navarrete,2011)。

3. 通过实验形成适应力

城市韧性的最终目的是能够有效治理城市系统,因此培育其应对复杂性与不确定风险扰动的适应能力是关键。培育适应能力与注重过程和物质两方面都相关(修春亮等,2018)。关注过程问题,就要倡导适应性治理。适应性治理依赖科学信息的及时更新,从而为利益相关者调整治理方案提供依据;同时也鼓励合作学习和决策;致力于通过不断实验的方法来积累经验以应对未知的不确定性;具体方式可包括多中心治理、公众参与、实验性治理和跨尺度治理。关注实质行动,有四种策略:假设变化和不确定性、为恢复和更新做好准备、广泛学习,以及为自组织创造机会(Wardekker et al., 2010)。

规划领域也重视协同合作,尤其重视协作规划,通过合作过程和对话来解决已有知识的局限性,通过对空间的合理配置解决社会冲突。规划理论家认为"实验"是一种向理想轨迹发展的必要方式。社会—生态韧性强调通过"边学边做"、从失败中学习经验对系统进行治理从而实现持续发展,这种方式高度依赖实验和反馈过程(Hillier,2007)。当然在此过程中确定什么样的知识和信息能够成为经验是需要规划师来最终决策的。社会—生态韧性为规划理论提供了如何更有效地影响城市治理决策的新思维,不断进行基于适应性协同管理的实验可以实现韧性的目标。

因此,城市韧性理论、尤其是社会—生态视角的城市韧性理论为指导规划理论更具适应性提供了重要思路。尽管人地关系及其空间性是规划的核心,但是现有规划理论并没有给予生态要素足够的重视和持续的关注,这为在全球环境危机之际、同时过去几十年的可持续发展理论并没有在生态系统服务下降的问题中发挥实质性作用的背景下,为规划理论的提升和转型提供了机遇。关注生态因素、充分认识人地系统的相互依赖关系,以及城市可持续的途径等都是规划领域可以从城市韧性理论中受到启发的问题。对生态环境的关注不足是现阶段规划有效性受到考验和城市面临严峻挑战的一个重要原因。将城市韧性理论的有益思想转译到规划中并明确其对规划的指导意义,将有助于规划理论在全球生态危机时刻为有效的城市治理发挥作用。

4. 制定规划行动框架和纳入多个利益主体参与

城市韧性对规划实践的重要意义在于提供了关注生态系统变化和重新思考人地关系的重要启示,这些得益于韧性理论从根本上批判线性思维模式并且开启了社会学和生态学跨学科合作研究的通道(Wilkinson et al.,2010)。

韧性的概念于 20 世纪 90 年代才出现在规划领域。目前城市规划学者在多种实践中应用城市韧性理论,包括:缓解和适应气候变化、减灾规划和管理、能源与环境管理、城市水资源管理、城市设计等(Coaffee,2008)。学界关于韧性思维对规划实践的重要意义还没有达成共识,因此城市韧性理论和规划实践的相互借鉴尚处于起步阶段。就韧性与战略规划的关系,纽曼(Newman)等认为韧性城市将会是城市未来最理想的情境,并确定了一系列与之相关的建成环境要素和十个城市韧性策略(Newman et al.,2009);沃德克尔(Wardekker)等通过对规划从业者调研,尝试基于韧性思路确立一系列韧性原则以应对气候变化带来的不确定挑战(Bourne et al.,2016)。

将城市韧性理论应用于规划实践有助于解决当前城市规划实施过程中的棘手问题。首先,韧性理论提供了一种沟通工具,帮助解决来自利益相关者之间的沟通障碍。同时,作为一种思想和组织框架,韧性通常由于与具体风险直接相关,易于理解且可有效指导实践。其次,韧性的非线性思维可以为规划提供借鉴,尤其考虑到现有规划通常被视作"终极状态"或"蓝图",这意味着忽视了对未知情境下的韧性解决方案的潜在深层次学习。因此,城市韧性能够提供一种新的沟通语言以弥补传统规划实践中根深蒂固的假设和一成不变的方案,城市韧性通过假设变化来解释稳定性,在一定程度上有助于规划合理解释并解决城市面对的复杂性和不确定性。

城市韧性代表着城市系统对于风险干扰的响应或准备。不过,在规划研究与实践中,韧性思维常被用于分析社会与生态系统之间的相互依存关系。随着规划的目的由土地利用管控转向追求空间的协调发展,城市韧性越来越多地受到规划领域的关注。究其原因,不仅由于韧性理论有助于更好地理解和管理城市这一复杂系统(Elmqvist et al.,2014),城市韧性对规划的重要作用还表现在其既可作为提出问题又可作为解决问题的框架。相互联系的城市社会和生态系统之间的互动与反馈关系会直接导致系统的韧性发展演化或走向瓦解。在规划理论家提出要更多地关注实质性问题的时候,城市韧性理论可为这一倡导发挥及时有效的贡献。城市韧性为规划干预和处理人地关系及其可持续发展提供了新途径。

尽管城市韧性对规划范式的改革具有重要意义,就目前来看,规划实践没有跟得上城市韧性理论的发展步伐,因为规划中没有明显地嵌入韧性思维,说明城市韧性和空间规划还没有很好地融合,而弥补这一欠缺无疑十分紧迫和必要。在气候变化影响日益严峻的背景下,基于对城市韧性的深入理解,引入生态系统服务和绿色基础设施规划以从根本上缓解和适应环境、社会挑战可作为空间规划助力城市环境的韧性、宜居、可持续发展的重要应用(Haq,2011)。绿色基础设施规划旨在实现生态系统服务的韧性供给、权衡多种的功能生态系统服务以及进行生态保护,不仅解决重新思考规划的议题,还将社会与生态的互动联系了起来。在具体应用中,绿色基础设施的空间配置是空间规划的重要内容(Byrne and Sipe,2010)。最近的研究表明,由于快速城市化过程中人工建设对自然环境的破坏,绿色基础设施用地及生物多样性急剧减少,城市社会—生态系统的韧性遭到了挑战。而由城市社会—生态韧性理论可推断,基于人为影响造成的生态系统功能障碍可通过社会—生态韧性规划解决,绿色基础设施规划作为社会—生态韧性规划的可落地实施的替代,通过优化供给侧的绿色基础设施空间布局可实现保障城市生态系统服务持续供应和城市社会—生态系统的可持续。

整体而言,城市韧性理论对规划实践的影响包括:第一,利用韧性思维构建规划实践的框架;第二,允许不同的利益相关者都参与到应对城市挑战的现状中;第三,韧性理论关注系统性和叙述性相结合的历史经验与未来预测,有助于为复杂环境条件下的城市规划行动提供依据;第四,城市韧性理论提醒了规划实践要重视人地之间的依赖与互馈关系,通过部署生态系统服务治理以实现城市系统的长期可持续发展。尽管最初并非源自城市环境,韧性理论在处理复杂的社会问题时有其局限性,但因重视以系统性思维理解和解释人地复杂关系及其动态变化,并且倡导适应性治理,在全球生态系统服务能力持续退化、城市化压力迅速增加的背景下,韧性理论受到了规划领域越来越多地关注。由于韧性与规划有共同的关注问题和终极目标,并且社会—生态视角的韧性对于解决规划缺少关注实质问题和城市系统中日益凸显的不确定性有重要作用(Walker and Salt,2012),而规划又是社会—生态韧性潜力实现的必不可少的实践转化工具,所以,韧性理论有潜力在规划理论与实践的创新与改革中作出贡献。

三、适应性规划与城市韧性

在持续变动的城市环境中,复杂的不确定性以及渐进性与突发性相互交织的挑战将社会—生态系统关注的重点内容扩展到城市规划,并且还对传统的规划形式提出了新要求,要求在一个更广泛、开放的背景下考虑规划,因此就需要进一步探索更具灵活性的治理过程和决策,以保证城市系统能够与意外和不确定性长期共存。

在社会—生态系统的框架下,适应性规划主要关注社会和本地资源系统的相互作用,以及人类/社会维度在生态系统管理中发挥的作用,这个作用足以强大到可以引导城市系统的变动和轨迹。因此,适应性规划有助于将基于生态理解的规划实践和实践背后的社会机制联系起来,可有效处理社会系统和生态系统之间的相互作用和适应与匹配问题(Folke et al.,2005)。适应性规划的终极目标就是塑造和增强社会—生态系统的韧性潜力。

社会—生态韧性关注相互影响、相互依赖的社会—生态系统对不确定挑战的缓解和适应。这一综合的系统性考虑不同于单独分析社会系统的韧性或者是生态系统的韧性。单独解决资源管理的社会维度而不理解资源和生态系统的变动往往不足以引导社会走向可持续;同样地,仅仅将对生态的关注作为可持续的决策依据也必定会得到狭隘的结论。因此研究城市社会—生态韧性既要关注生态动态,也要关注社会能力。

适应性规划属于城市韧性的社会潜力,是实现城市韧性不可或缺的组成部分,特别是关于风险和系统更新重组时调动社会记忆的作用。培育适应和塑造变化的能力是适应性规划的目标。面对生态系统变动,社会系统需要学习以及保持(组织和制度的)灵活性,通过发展社会能力对生态/环境变化作出反馈。此时,适应性强的社会—生态系统能够在环境不断变化的情况下,依然进行更新、重组,并且还能将系统引入理想的发展轨迹,这一过程靠的就是产生学习、知识、经验等应对环境变化的社会潜力。

作为一个连接起全局变化和分级治理的理论框架,适应性规划为规划体系的革新提供了参考,尤其是其强调了变化或不确定性的积极意义。对于提升城市韧性而言,适应性规划无疑提供了一个有用的框架。首先,适应性规划的理论基础是适应性循环和扰沌,这些理论本质上都强调了跨尺度互动与反馈的重要作用,城市作为一个被嵌套在更大尺度、同时又可支配更小尺度的开放系统,研究城市对风险的响应有必要关注不同尺度的交互作用;其次,适应性规划在应对不确定性(比如气候变化带来的风险)挑战时,考虑到既要灵活应对短期的急性冲击,更要适应长期的渐进性变化;最后,适应性规划提供的一些关键形式,比如社会参与和协同共管等。因此,适应性规划是一种处理生态系统复杂性的有效方法,也是系统性提升城市韧性的重要过程,而非简单地对自然资源的优化使用和控制(Lee,2003)。

第二节　城市绿色基础设施网络构建与连通性分析

作为生态系统服务供应的载体,连通性是绿色基础设施增强城市韧性的保障,也是在城市/空间规划的关注核心。连通性可在网络结构中体现。关于基础设施的网络构建及连通性分析方法,其思路为:首先,依据一定原则确定绿色基础设施的组成要素,即节点,并构建生态阻力面,然后生成连接廊道,连接节点和廊道就形成了绿色基础设施网络;其次,识别绿色基础设施网络中的"夹点"与障碍点,即影响绿色基础设施网络连通性的关键位置,其中,"夹点"是有助于增强绿色基础设施连通性的位置,障碍点是阻碍绿色基础设施连通性的位置;最后,对"夹点"与障碍点区域提出保护和改善等优化措施,以提升绿色基础设施网络整体的连通性,促进其对生态系统服务供应能力,进而增强城市社会—生态视角下的韧性水平。

一、绿色基础设施及其韧性

生态系统服务将生态系统健康、气候风险减缓和适应,以及更广泛的人类福祉、城市可持续等目标联系起来,在改善小气候、碳封存、调节热环境和水资源等方面发挥着关键作用,因此被认为是社会—生态视角的城市韧性应对社会—生态挑战的创新策略和重要工具(Lovell and Taylor,2013)。利用生态系统服务可以以更具成本效益、更公平的方式减缓和适应气候变化影响以及预期的气候变化风险,可有效促进城市社会—生态系统中社会、经济和环境等多种效益,并最终实现城市的可持续发展。将生态系统服务纳入应对气候变化的工作中,通过生态系统服务持续、稳定的供给发挥自然系统对气候变化的贡献,有助于城市系统有效平衡以实现城市可持续发展目标的近期和长远目标。因此,城市生态系统在缓解和适应气候变化挑战过程中正变得越来越重要(Elmqvist et al., 2015)。

然而,尽管多功能生态系统服务在应对气候变化挑战中的潜力很大,可为空间规划提供分析、解决气候变化相关问题的框架,以及如何实施治理的手段等重要信息,但生态系统服务是在城市生态系统和城市社会的复杂相互关系中产生的,受城市系统的动态变化影响极大,尤其是快速城市化进程对城市生态系统服务能力的削弱与破坏,使得生态系统服务能力与潜力持续下降。因此,如何保护生态系统功能并促进多功能生态系统服务的持续供应也是基于自然的城市气候韧性方案的有效性的关键问题(Colding,2011)。就目前来看,生态系统服务在城市的各项规划和治理决策中的实际应用还不多见(Fisher, 2009),这与城市发展战略决策没有将生态系统服务纳入其中有关,也与生态系统服务本身并没有与实践应用联系有关。绿色基础设施可作为生态系统服务与城市规划治理实践的联系桥梁。通过维持和增强生态系统服务,绿色基础设施使得基于生态系统服务的方案对城市韧性的贡献得以实现,特别是在缓解和适应气候变化方面。绿色基础设施的韧性潜力通过其多功能性和连通性实现。

生态系统服务的供应依托绿色基础设施的存在,而生态系统服务缓解和适应城市气候变化影响的能力则与绿色基础设施的空间格局和协调能力密切相关。此外,生态系统服务的研究也不能不考虑产生这些服务的生态过程。因此,增强城市气候变化韧性的方案应该与绿色基础设施空间结构的合理安排联系起来,需要关注有助于提供稳定和持续的生态系统服务的生态过程的规划和治理(Wigginton et al., 2016)。

绿色基础设施作为提供城市多功能生态系统服务供应的重要保障,可被视为在空间和功能上支持城市可持续发展的自然和半自然城乡景观网络系统,因此是社会—生态系统框架下实现城市韧性和可持续的物质基础(James et al.,2009)。连通性是绿色基础设施网络的重要结构特征。绿色基础设施通过将生态系统要素连通起来,有助于维持和增强城市生态系统的生物多样性水平,保障了多功能生态系统服务充足和持续提供的能力,进而对气候变化影响具有缓解和适应功效。研究表明对绿色基础设施的规划和管理有助于增强城市的气候变化韧性,因为增强城市中绿色斑块的连通性有助于保护和强化绿色基础设施的多功能性(Cameron et al.,2012)。快速城市化进程对自然和半自然景观的侵占和破坏造成绿色区域斑块的丧失和破碎,进而威胁着城市地区的生物多样性。增强绿色斑块的连通性可通过促进了生物物种在城市景观中的迁徙来缓解因其栖息地丧失和破碎化带来的隔离效应。在绿色斑块破碎化严重的城市地区,许多物种的生存、繁衍和迁移高度依赖线性栖息地或绿色廊道(Looy et al.,2014)。在一定程度上,增强绿色基础设施的连通性可减小因其破碎化而导致的多功能生态系统服务的恶化(Carlier and Moran,2019)。

绿色基础设施的概念虽是最近几十年才被提出,但其与生态系统服务和基于自然的方案的理论基础相近,都强调人与自然相互影响和相互依赖的关系。在社会—生态韧性的框架下,绿色基础设施作为沟通了自然生态系统和人类福祉之间的桥梁,是通过基于生态系统服务的方案来增强气候变化韧性的有效实践。不过,绿色基础设施作为气候变化应对策略,需要对气候风险以及系统复杂性更有针对性的关注,而不是仅仅关注传统绿色空间的美学和休闲需求。绿色基础设施的多功能性和连通性常常是学界的重点关注问题,尤其是连通性,因为连通的绿色区域有利于维持和保护生物多样性(Maes et al.,2015),有利于其整体功能的发挥。

从空间和构成上看,绿色基础设施通常是由自然(森林、水域、湿地等)和半自然(城市绿地、城市公园、农田等)的节点和廊道组成的绿色网络,节点由具有一定规模的生境斑块构成,廊道为连通节点的线状要素构成。廊道及与其连通的绿色节点共同形成了绿色基础设施网络(Wickham et al.,2010)。虽然不同的空间尺度要求绿色基础设施的组成不同,但无论空间尺度如何,绿色基础设施被关注的主要是其多功能性和连通性。绿色基础设施的连通性可通过其网络结构来表征。绿色基础设施网络连通性是研究和实践中保障其节点、廊道,以及网络结构整体的功能的关键属性。

由于绿色基础设施这一概念较新,目前还未形成统一或公认的实践应用方法,但总的来看,绿色基础设施规划治理实践一般会涉及如下的步骤:(1)组建团队,要包括不同的利益主体和机构;(2)准备数据,搜集多种基础数据;(3)确定绿色基础设施组成要素,包括节点和连接廊道;(4)绿色基础设施结果综合分析,确保满足初始目标和不同利益主体的利益;(5)应用和管理,实际应用前述结果,并进行后续的监督和管理(Dan,2012)。绿色基础设施网络构建常用的方法包括叠置分析法、空间分析法、基于图论的分析法以及形态学空间格局分析法等(见表9.1)。需要指出的是,虽然现有研究

表 9.1　绿色基础设施网络构建原理与方法

	原理与方法	特　征
叠置分析法	基于景观单元内不同要素的垂直生态过程的适宜性分析,通过叠加技术实现	根据廊道适宜性判断连通性;需要大量数据;适合规模较小区域
空间分析法	以景观生态学和 GIS 技术为基础,通过模拟水平运动形成网络格局以强调水平结构的生态过程;基于最小路径模型确定廊道的位置和格局	认为水平运动阻力较小,连通性较强;需要详细的物种调查数据;强调结构和功能的联系;强调生物多样性保护
基于图论的分析法	基于图和网络分析,将景观简化为节点和连接的网络图;使用连通性指数来量化景观连通性	网络连通性指数越大,成本低,连通性越强;适用于景观尺度的快速研究
形态学空间格局分析法	绿色基础设施为前景,非绿色基础设施为背景;在空间格局分析基础上,基于核心区和连接桥构建绿色基础设施网络	根据前景和背景之间的拓扑关系确定连通性;强调结构连接;通常只需要土地利益数据

关注绿色基础设施的空间结构,并且关注绿色基础设施对缓解和适应城市气候变化风险、增进人类福祉和实现城市可持续的价值、效用及其整体重要性,但缺乏二者结合的分析,也鲜有将绿色基础设施的空间格局分析应用到城市规划治理实践中的研究。为弥补现有研究的不足,本章将多种技术手段融合到绿色基础设施网络构建及网络连通性与障碍分析中,并据此提出绿色基础设施网络优化的措施,以期指导绿色基础设施网络构建、提升研究区绿色基础设施连通性、进而增进其韧性潜力。

二、绿色基础设施要素识别与网络构建

1. 绿色基础设施空间格局分析

形态学空间格局分析(Morphological Spatial Pattern Analysis,MSPA)起源于数学形态学,后被引入图像分析科学和景观生态学,其基本原理是基于腐蚀、膨胀、开运算、闭运算等几何运算法则对空间图像数据进行度量和识别,通过去除不相关的结构、归并分类等手段对其简化以便对目标信息进行定量化分析(Soilleand Vogt,2009)。沃格(Voge)在前人工作的基础上,提出了应用 MSPA 进行景观格局分析,并于 2009 年开发出相应的分析工具——Guidos(Graphical User Interface for the Description of image Objects and their Shapes)软件。相较传统的景观格局分析方法,比如景观格局指数,是把斑块元素或者廊道元素提取出来单独分析,以广泛使用的斑块形状结构指标中的周长面积比为例,这一指标只能定义出一条廊道和他所连接的斑块构成的一个单一结构;而 MSPA 进行景观格局分析是从像元层面识别研究区域内对景观结构的连通性具有重要意义的区域,比如核心区和廊道,并且将在物质信息能量流中起到不同作用的景观类型分开,真正从形态层面表现其功能的连通性。此外,MSPA 的优势还在于其避免了表达含义的冗余、重复性高等缺陷,可按实际研究需求调整分析的粒度,且运算结果可以栅格图的形式直观显示,为景观格局的分析提供了新思路,为网

络的完善和修复提供了依据(Vogt and Riitters，2017)。

　　MSPA 要求输入的数据为包括前景和背景的二值化栅格图,运行结果是将前景数据分为 7 类,分别是核心区、孤岛、连接桥、环、穿孔、边缘和分支。其中,核心区是前景像元中面积较大的斑块,常用作生态网络节点,也被视为生态网络中的"源",对于生态过程发展、生物多样性维持和增强具有重要意义;孤岛是指那些连接度较低、面积较小、不足以作为核心区的斑块,其在生态网络中起着媒介的作用,被视为"生态孤岛";连接桥指的是连接相邻的不同核心区之间的桥梁,常用作生态网络廊道,有助于保障和促进生态功能的发挥;环是一种连接同一核心区的狭长状区域,具有和廊道类似的属性,是一个核心区内部进行生态过程的通道;穿孔是核心区与其内部背景之间的过渡区域,因阻碍和限制核心区内部的生态过程传递而具有边缘效应;边缘指的是核心区与外围背景像元之间的过渡区域,有助于减小核心外围的人为干扰;分支是指只有一端与边缘、连接桥、环或者穿孔连接的区域,一般而言,分支的增减对整体景观连通性的影响不大(见图 9.1)。

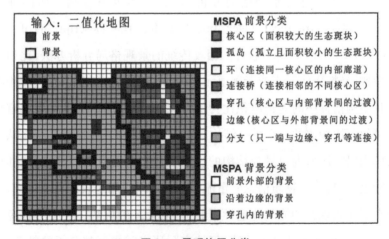

图 9.1　景观格局分类

　　除了输入的栅格图外,MSPA 的分析结果还依赖以下 4 个参数的设置:
前景连接方式(8 邻连接或 4 邻连接),边缘宽度(实际距离为栅格数与图像
空间分辨率的乘积),是否显示过渡像元,是否区别内外部特征(见图 9.2)。
值得注意的是,应用 MSPA 方法对尺度的选择很关键,因为 MSPA 分析对
尺度很敏感,随着粒度增大会导致景观信息丢失,比如尺度变化(比如改变
上述参数的设置)会影响不同景观类型的面积进而导致不同的计算结果。
此外,边缘宽度的设置需要考虑边缘效应的影响,由于绿色基础设施提供生
态系统服务需要生物多样性来支撑,所以满足动植物迁徙和生物多样性保
护要求的廊道尺度很重要。本研究所使用的 Landsat 遥感影像空间分辨率
为 30 m×30 m,即每一个栅格的边长为 30 m。根据已有研究,30 m 的廊道
宽度基本可以满足动植物迁徙和生物多样性保护需求(Zhu et al.,2005;于
亚平等,2016)。

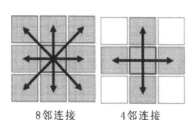

前景像元8邻连接（左）和4邻连接（右）

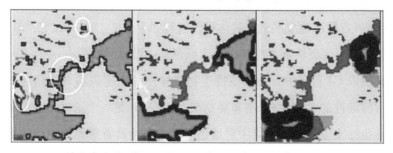

边缘宽度为1像元（左）、2像元（中）和3像元（右）

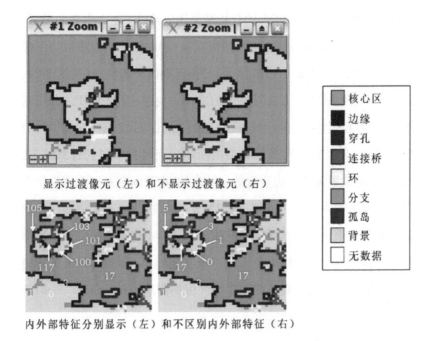

图 9.2　MSPA 运算参数

2. 绿色基础设施网络构建方法

绿色基础设施网络构建分为 3 个步骤:首先,基于核心区斑块重要性评价结果,筛选出绿色基础设施的网络节点;其次,构建阻力面(由于本研究强调的是绿色基础设施的功能连通而非传统研究中常用的结构连通性,阻力面是依据不同的绿色基础设施景观结构能够促进或阻碍生物体在生境斑块间运动的程度来构建的);再次,基于最小成本路径原理模拟绿色基础设施廊道,廊道和节点即可构成网络。具体操作过程如下。

(1) 基于核心区斑块重要性评价确定绿色基础设施网络节点

识别和提取 GI 景观中有助于维持生物多样性的关键斑块对于构建具有韧性和可持续性的 GI 网络具有重要意义。Conefor 是一个通过空间图和生境可达性指标来量化生态网络中对增强景观连通性具有重要作用的关键生境斑块和廊道,常用于为景观保护和规划提供决策支持(Saura and

Torné，2012)。本研究在绿色基础设施景观分类的基础上，利用Conefor2.6软件对基于MSPA分析得到的所有斑块进行重要性评价，据此结果从中筛选出对景观连通性起关键作用的斑块作为绿色基础设施网络的节点。Conefor2.6软件中有两个重要参数，分别为整体连通性指数(Integral Index of Connectivity，IIC)和可能连通性指数(Probability of Connectivity，PC)。IIC基于二元连通性模型，在具体运算中，其对景观斑块的分类只有连通和不连通两种情况。PC基于可能性模型，在具体运算中，斑块间的连通性的可能性与斑块之间的距离有关。IIC和PC可同时表征景观连通性水平和各斑块对于维持景观连通性的重要程度。由于本研究更关注的是各斑块对于维持景观连通性的重要性，因此主要考察每个斑块的dIIC和dPC值，以作为其对整体景观连通重要性的判定，这里的重要性体现在移除该斑块后造成整体景观连通性的变化程度。斑块的dIIC和dPC的值越大，表明这一斑块的重要性越大，在网络中的关键作用越明显。上述指数的计算公式如下：

$$IIC = \frac{\sum_{i=1}^{n} \sum_{j=1}^{n} [a_i a_j / 1 + nl_{ij}]}{A_L^2} \tag{9.1}$$

式中，IIC为整体连通性指数，n为景观斑块总数，a_i和a_j分别为景观斑块i和景观斑块j的面积，nl_{ij}为景观斑块i与j之间的连接数，A_L代表整个景观的面积。通常，$0 \ll IIC \ll 1$，当IIC为0时，各斑块之间不连接；当IIC为1时，整个景观都为生境斑块。

$$PC = \frac{\sum_{i=1}^{n} \sum_{j=1}^{n} a_i a_j p_{ij}^*}{A_L^2} \tag{9.2}$$

式中，PC为可能连通性指数，p_{ij}^*为物种在景观斑块i与j之间扩散的最大可能性，其余同上。PC的取值范围为0—1。

$$dIIC = \frac{IIC - IIC'}{IIC} \times 100 \tag{9.3}$$

式中，dIIC 为某斑块的整体连通重要值，IIC′为除去该斑块后景观的整体连通性水平，其余同上。

$$dPC = \frac{PC - PC'}{PC} \times 100\% \qquad (9.4)$$

式中，dPC 为某斑块的可能连通重要值，PC′为除去该斑块后景观的可能连通性水平，其余同上。

为避免评价过程引入人为因素，本研究将 MSPA 得到的 1 136 个核心区数据全部纳入斑块重要性计算过程。在运行 Conefor2.6 软件前需要设置斑块连通的距离阈值，这一距离与生态过程发生和影响的空间范围关系密切，本研究参考已有研究成果，将该阈值设置为 1 000 m，将直接连通概率设置为 0.5，即只有在两个斑块间的距离小于 1 000 m 或连通概率大于 0.5 时，才认为这两个斑块之间具有连通性，否则就不具有连通性（熊春妮等，2007）。

（2）构建阻力面

由于不同的景观类型的构成、空间配置以及功能对生态过程具有不同程度的阻隔作用，也称作生态阻力，于是，阻力值较小的景观类型有利于生态过程的发生，而阻力值较大的景观类型则会阻碍生态过程，因此绿色基础设施网络的构建要考虑斑块间阻力的大小。基于生物多样性保护和维持气候变化韧性相关的生态系统服务的考虑，并参考已有研究（Shi and Qin, 2018），对 MSPA 得到的不同景观类型进行生态阻力赋值（见表 9.2），并将其空间化，即可生成本研究所需的阻力面。

表 9.2　不同类型景观阻力值

景观类型	核心区	连接桥	孤岛	边缘	环	分支	穿孔	背景
阻力值	1	10	15	30	30	60	80	100

（3）基于最小成本路径模拟绿色基础设施廊道

廊道是沟通网络中分散节点的带状斑块，具有生物多样性保护、生态系统服务维持的重要功能。绿色基础设施廊道是相邻绿色基础设施节点之间阻力值较低的通道,本研究对其定义为相邻两个节点之间的最小成本路径,绿色基础设施廊道模拟应用 linkage mapper 工具完成。模拟过程总共分为3步:(1)识别出相邻的绿色基础设施节点;(2)根据绿色基础设施节点间距离构建包含这些节点的绿色基础设施网络;(3)计算生态阻力面上每个像元到最近绿色基础设施节点的成本加权距离以及相邻节点的最小成本路径,并对其进行简化,比如去掉与核心区直接相交的廊道(Mcrae et al., 2008)(见图 9.3)。

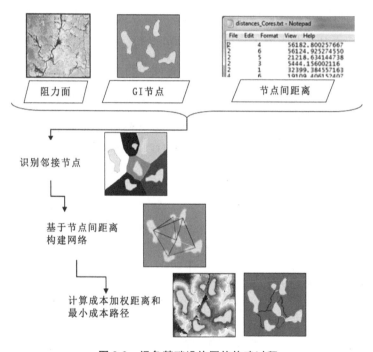

图 9.3　绿色基础设施网络构建过程

三、绿色基础设施网络连通性分析

1. 基于电路理论的夹点(Pinch point)区域识别

基于电子在电路中随机游走(也叫随机漫步)的特性来模拟物种在复杂

景观中的迁移扩散或者其他类似的生态过程,这即是电路理论在景观生态学中的应用(Mcrae et al.,2008)。将电路理论引入景观生态学可有效弥补传统景观连通性研究中对功能连通考量的不足。在具体应用中,物种被当作随机游走的电子,景观被视作导电表面。由于电子的游走会受电阻影响,电阻大的地方电流小;同样地,生态过程也受到景观阻力的约束,阻力小的景观类型有利于生态过程的发生和扩散,而阻力值大的景观类型则会制约生态过程。因此,当一个异质化的景观被抽象为电路时,重要的生境斑块就被视为电路中的节点,而不同的景观类型被认为具有不同的阻力,对物种运动或者其他生态过程的阻碍程度也不同。进行电路模拟时,设置某些一点接地,然后向其余节点输入定额电流,即可得到这些节点到接地节点间的电流值,通过所有节点依次接地的迭代计算即可得到整个网络的电流密度图(见图9.4)。由于电流在不同阻值表面的通过能力不相同,节点间的电流密度值较大的区域即为"夹点"区域,因为这些区域具有通过性高或者不可替代的属性,一旦失去,将对整个绿色基础设施网络的连通性造成严重影响。

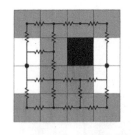

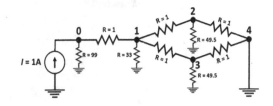

(a)将景观栅格转化为电网　　　　(b)电路中节点连接和电流分布

图9.4　电路理论的原理示意

2.绿色基础设施网络连通障碍分析

绿色基础设施网络的连通性对于维持生态系统服务的生态过程很重要。不过,现有研究和实践主要关注如何维护和促进绿色基础设施网络的连通性,较少关注绿色基础设施网络中的障碍区域,事实上,如果这些障碍区域得以修复的话,比如通过移走障碍的方法,那么绿色基础设施网络的连通性将会显著提升(Mcrae et al.,2012)。所以分析影响绿色基础设施连通性的障碍区域可弥补传统分析方法的不足,有助于识别广泛的绿色基础设施网络中阻碍生态功能正常发挥的关键位置,并为恢复障碍区域、提升绿色基础设施整体连通性提供参考。绿色基础设施网络连通障碍分析不仅能识别出绿色基础设施网络中节点间连通性最差的位置,还能够量化修复障碍可在多大程度上改善绿色基础设施网络的连通性。

　　障碍分析基于最小成本路径,由于最小成本方法会计算每个栅格到最近绿色基础设施节点的成本加权距离,进而生成一个成本加权距离表面,将两个节点之间栅格的成本加权距离相加,就得到了一条最小累计成本的廊道,代表着两个节点之间移动的成本最小的优化路径。连通障碍分析依托这样一个假设:如果可将成本较大的栅格进行修复,那么节点间的最小成本路径的累积成本就会减小。于是,通过系统地量化整个绿色基础设施网络中的成本潜在减小量,就可识别出哪些区域的恢复将会使得最小成本最大地减少。具体操作过程为:依托最小成本路径的运行结果,计算每个栅格周围一定范围内的最小成本加权距离,然后将绿色基础设施节点间所有栅格的最小成本加权距离相加,即可得到假设这一范围内的障碍被移除后节点间移动的累积阻力。连通障碍分析基于 Barrier mapper 工具完成。

第三节　韧性目标下城市绿色基础设施保护与格局优化

一、基于 MSPA 的绿色基础设施空间特征

　　参照已有研究对绿色基础设施的定义以及本研究目的,本书将能够提供生态系统服务的自然与半自然要素均视为绿色基础设施,具体包括:农

田、森林、草地、湿地和水域以及城市绿地。在 MSPA 中,绿色基础设施被视为前景,其余土地利用类型(主要为城市建设用地)则被视为背景。将只包含前景和背景要素的二值化栅格图导入 Guidos 软件,设置好该软件分析所需的参数(8 邻连接前景结构、1 边缘宽度、显示过渡像元、开启内外部区别特征),即得到了研究区 GI 景观的分类信息(见图 9.5)。

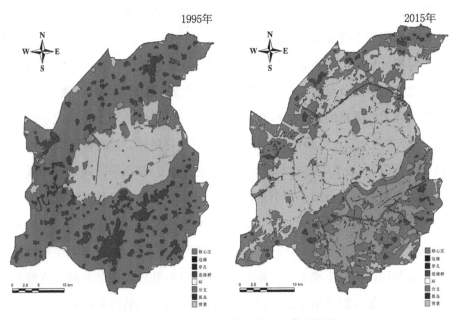

图 9.5　基于 MSPA 分类的沈阳市景观格局

从各景观类型分布及变化的空间格局来看(见图 9.5),面积较大的绿色基础设施斑块主要为主城区外围的耕地以及主城区内的大型城市公园。在主城区内,核心区数量较多但其规模都比较小,连通性不高。随着主城区建设用地(背景)的扩张,外围的绿色基础设施斑块被大量侵吞和分割,造成核心区斑块的面积减小、破碎、形态变得复杂,但连通性仍然较高;同时,核心区的破碎化还造成边缘和穿孔数的增加,由于这两类景观都是产生边缘效应的景观类型,因此会对生态过程产生重要影响。主城区内的连接桥、分支、孤岛变多,分布较分散,而环的变化则不太明显。具体 7 种景观类型的面积、占比等,如表 9.3 所示。

表 9.3　绿色基础设施要素的规模统计

	1995 年			2015 年		
	面积 (km²)	占 GI 面积 百分比 (%)	占研究区 面积的百分比 (%)	面积 (km²)	占 GI 面积 百分比 (%)	占研究区 面积的百分比 (%)
核心区	746.49	94.73	64.27	407.51	84.45	35.08
孤岛	0.63	0.08	0.05	4.75	0.98	0.41
穿孔	24.85	3.15	2.16	6.82	1.41	0.59
边缘	12.76	1.62	1.15	49.29	10.21	4.51
环	0.52	0.06	0.03	1.51	0.31	0.07
连接桥	1.01	0.12	0.04	5.19	1.07	0.24
分支	1.76	0.22	0.15	7.48	1.55	0.64

　　由该表可知,沈阳市中心城区 1995 年和 2015 年绿色基础设施的总面积分别为 788.02 km² 和 482.55 km²,各占研究区总面积的 64.27% 和 35.08%,用地类型主要为耕地。据此发现,20 年间绿色基础设施面积减少了 38.76%,主要是快速城市化进程中城市建设活动对绿色基础设施用地的侵吞所致,尤其是农业用地大幅减少。此外,该表还显示出,核心区是研究区内绿色基础设施的主要景观类型,面积占比最大,但由于核心区斑块的规模异质性很大,除少数大斑块外,大部分斑块的面积很小,因此适合作为绿色基础设施网络节点的斑块较少。观察 2015 年时的状况发现,尽管相较 1995 年时,核心区面积明显减少,不过其仍占绿色基础设施面积的 84.45%。除核心区外,面积较大的景观类型还有穿孔和边缘,但在过去的 20 年间穿孔面积减小,边缘的面积却明显变大。其余景观类型的面积占比较少,不过比较来看,原始面积较小的这几类景观其面积到 2015 年时均有不同程度地增大,这主要是由于规模较大的斑块被分割所致。整体而言,研究时段内沈阳市中心城区绿色基础设施景观格局的变化表现出景观破碎化程度加重、连通性下降的特点。

二、绿色基础设施网络要素与网络格局

1. 绿色基础设施节点

在 MSPA 对绿色基础设施的景观类型进行分类的基础上，应用 Conefor 软件对绿色基础设施核心区斑块重要性进行评价，依据评价结果筛选出连通性较高、具有重要生态效益的关键斑块作为构成绿色基础设施网络的节点。基于 MSPA 的输出结果，将 1 136 个核心区斑块的编号信息及斑块间距离导入 Conefor2.6 进行斑块重要性评价。软件运行具体涉及的参数设置参照已有研究，其中，斑块连通距离阈值设定为 1 000 m，连通概率设定为 0.5。综合对比输出结果中 dIIC 和 dPC 的值（见表 9.4），最终提取出 dPC 值大于 0.1 的 31 个斑块作为构成绿色基础设施网络的节点，这 31 个斑块的面积占研究区总面积的 24.74%。

表 9.4　节点斑块重要值

节点序号	dIIC	dPC	节点序号	dIIC	dPC
1	76.16	77.12	115	0.18	0.24
783	42.15	49.51	1113	0.17	0.24
431	14.92	19.28	1013	0.12	0.17
758	1.35	2.59	489	0.11	0.15
66	1.23	1.67	829	0.10	0.14
913	1.12	1.53	796	0.00	0.14
873	0.75	1.02	914	0.10	0.14
778	0.10	0.87	866	0.10	0.13
251	0.59	0.80	781	0.10	0.13
809	0.05	0.79	490	0.09	0.13
164	0.46	0.61	777	0.09	0.12
910	0.30	0.40	227	0.09	0.12
4	0.28	0.38	593	0.09	0.11
226	0.28	0.37	699	0.08	0.10
596	0.26	0.35	582	0.08	0.10
390	0.19	0.27			

2. 阻力面空间格局特征

按照表 9.2 中对不同景观类型的阻力赋值结果，将其空间化显示，即得

到了研究区景观阻力面的空间格局,如图 9.6 所示。

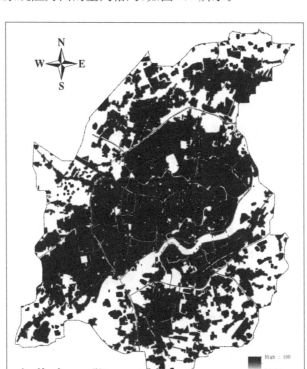

图 9.6　景观阻力面格局

3. 绿色基础设施廊道

基于最小成本路径模拟的绿色基础设施廊道的空间格局如图 9.7 所示。根据 linkage mapper 软件所得到的模拟结果,一共生成了连接绿色基础设施核心区节点的 43 条潜在最小成本廊道,廊道长度为 0.03 km—11.6 km 之间,主要分布在主城区内。其中,长度大于 5 km 的廊道约占 12%;长度大于 1 km 的廊道约占 40%。由此可看出研究区现有绿色基础设施网络的廊道长度整体偏短。据图还可发现,在研究区西南部廊道密度较大,这些廊道主要连通了研究区南北两侧的耕地以及主城区内的大型城市公园,而且大部分廊道的长度较长。

具体来看,长廊道主要分布在主城区沿西南—东北方向上节点斑块密度较小的位置,基本上沟通了沈阳世纪高尔夫俱乐部、铁西森林公园、劳动公园、北陵公园、皇姑英雄公园以及浑河沿岸的多处公园等生态"源"地;而短廊道主要连接主城区内面积较小的绿色基础设施节点或者是主城区外围距离较近的大节点。基于最小成本路径的廊道可作为研究区内维持和增进生态系统服务空间流动的绿色基础设施骨架,对于促进城市灾害或非灾害生态系统服务的产生和传递具有特别重要的意义。

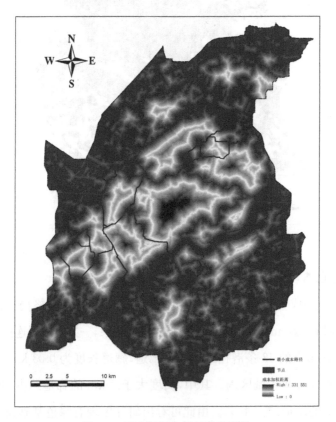

图 9.7 研究区绿色基础设施网络

就绿色基础设施网络整体上来看,主城区内的绿色基础设施没有形成一体化的网络格局,数量较少、空间分布不均匀、连通性不高,并且和城市近郊的绿色基础设施的连通程度也较差。在研究区绿色基础设施网络结构基础上,进一步定量分析现有绿色基础设施网络的连通和障碍情况。其中,夹点区域为绿色基础设施网络功能连通性高或者在确保功能连通中发挥关键作用的区域,有利于生态系统服务的产生和流动,需要重点保护;而障碍区域则正好相反,为绿色基础设施网络功能连通性较低的区域,会阻碍生态系统服务供应,需要进行优化改善,以提升基于生态系统服务的城市韧性。

三、绿色基础设施网络夹点空间特征

各廊道的电流密度模拟结果如图 9.8 所示。据图可发现,研究区的功

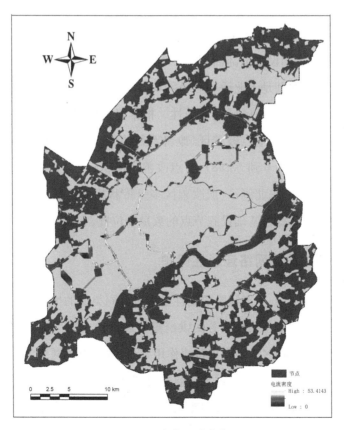

图 9.8 夹点区域分布

能连接廊道宽窄不一,较宽的廊道电流密度普遍偏小,而较窄的廊道电流密度较大。而且,电流密度明显比较大的廊道主要是长廊道,空间上基本上位于主要道路、河流沿线的绿化带,这些位置大部分集中在主城区西南靠近中部的区域,沟通了南北两侧。这一区域由于绿色基础设施连接桥(河流)的存在,斑块间距离相对较近,因此功能连通程度比较高。相反,电流密度值较小的廊道长度都比较短,位于靠近西南、东北方向的两侧,仅沟通了其附近一定距离内的孤立斑块。

四、绿色基础设施网络改善区等级划分与空间格局

通过对研究区绿色基础设施网络进行障碍分析得到了绿色基础设施网络廊道改善区的空间分布,如图 9.9 所示。改善区的面积为 19.01 km²,约占研究区绿色基础设施全部面积的 3.94%。整体来看,由于城市化进程中人工建设活动、尤其是工业活动对绿色基础设施网络的破坏,几乎全部廊道都需要进行修复以提高区域的连通性。根据障碍区的改善系数,依据自然断裂法将改善区分为重点改善区(改善系数值为 53.58 到 99.00)和一般改善区(改善系数值为 0 到 53.58),重点改善区面积较大,主要分布在沈西开发区以及北陵公园东北侧;一般改善区多呈带状格局分布在重点改善区周围,其范围取决于绿色基础设施节点的数量和位置。

五、绿色基础设施网络连通性保护

城市对于社会—生态风险的韧性是通过不同类型的生态系统服务实现的,而多种类型的生态系统服务的供给需要通过稳定的生态过程产生和传递,此时就需要生物多样性发挥重要作用,绿色基础设施网络的连通性对于维持和保护生物多样性意义重大。通过对基础设施网络中各廊道的电流密度模拟以及障碍区分析分别得到沈阳市中心城区绿色基础设施网络中需要优先保护的位置以及需要进行改善的障碍点格局,针对这一现状,为进一步

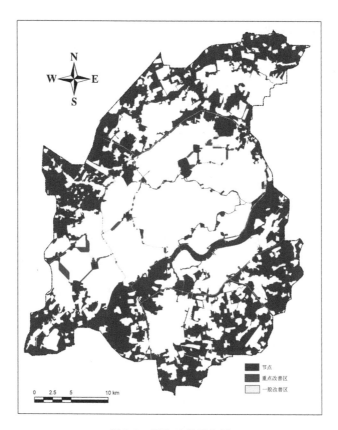

图 9.9　网络改善区位置

优化绿色基础设施网络的连通性,制定了如下优化方案。

1. 保护关键结构,提升网络整体的功能连通性

重点保护电流密度较大的廊道及其相连的节点斑块;在无法连接成廊道的区域(如主城区内)见缝插针似的适当增加点状绿色斑块(即景观"踏脚石")的数量,以减少斑块间距离,提升网络整体的功能连通性。同时,要注重提升现有网络结构要素的质量,如拓宽西侧连接南北部农田斑块的长廊道以提升其对连通性的贡献,在大斑块附近实施办法恢复其植被覆盖。不过,保护也并非全面要求禁止建设,最科学的方法应该是:要特别重视自然生态空间的动态复杂性,如控制斑块内部电流密度较高区域的建设活动和

开发力度,依据电流值大小设定不同的开发等级,限制容积率,规定绿地率,对电流密度较低的区域可有选择的建设不同功能的设施,在不破坏生态功能的前提下复合游憩等其他用途,形成复合型绿色基础设施网络格局。

2. 因地制宜地改善连通障碍点

由于绿色基础设施网络结构中的障碍点需要改善的程度不同,因此需要按照重要性和紧迫性的先后顺序原则,依次从重点改善区到一般改善区逐个消除这些不同层次的障碍点。同时,为了恢复这些障碍点的生态系统服务供应,应该在障碍位置处增加绿色植被的覆盖。此外,障碍点的清除也可按照优先顺序依次进行,具体优先顺序的确定可根据其所在的空间位置。如果障碍点实在难以清除,可选择其他能够增强网络整体连通性的方案,比如考虑将斑块之间的连通路线打通斑块,或者是在可行的情况下对斑块内部的用地进行调整。

3. 依据用地类型实施差别化的改善措施

根据障碍点的用地类型提出不同的优化措施。对于居住用地内部的障碍点,可适当地增添点状绿地以扩大绿化面积,同时可增加植被覆盖的丰富度。对于市政道路周边的障碍点,考虑分散地增加绿地斑块数量,拓宽绿化带等,或者还可结合其他类型的廊道进行生物通道建设。对于商业广场的障碍点,可适当地增加绿化植被的层次性。对于河流附近的障碍点,可选择性地拆除一些建筑,并且拓宽河流两岸的防护绿地。

第四节 基于韧性的城乡规划转型及路径

作为治理必不可少的组成部分,规划是引领和改善城市系统适应能力的重要工具和保障。由于传统规划范式依赖确定性较大的稳态逻辑,致使其在当前快速发展的城市复杂环境下因灵活性不足而难以发挥有效的导向性作用(Brunner and Lynch，2010)。于是，当前迫切需要开发一种更具适应性的规划范式，来帮助城市系统可以与不断变化的社会—生态风险共存和共同演化。适应性规划是在适应性治理的框架下，将规划、治理与持续的学习和实验过程紧密联系，从而使得规划能够有效应对当前和未来的社会环境变化(Birkmann et al.，2014；Garb et al.，2008；Morrison and Fitzgibbon，2014)。

一、韧性导向的规划任务

对社会—生态系统的治理向适应性治理的转变过程如图 9.10 所示(Folke et al.，2005)。社会—生态系统的适应性治理需重点关注以下四个相互作用的过程：

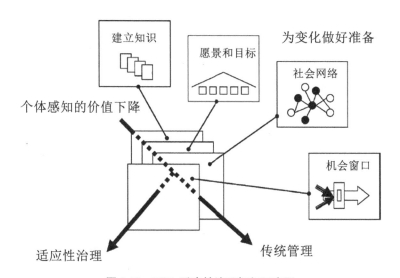

图 9.10　ESEs 适应性治理框架示意图

第一，建立对资源与生态系统动态的知识和理解。以有助于韧性的方式监测和响应环境反馈需要一定的生态知识以及对生态过程和功能的理解。充分调动对复杂适应性系统的理解，对该系统的治理就会受益于不同的知识体系。建立对资源与生态系统动态的知识和理解,不仅需要注意社会激励对生态知识生成和转化的影响,而且生态系统变动的信号也要转化为可以被社会系统所利用的知识。

第二,将生态知识应用到适应性治理实践中。成功的治理需要持续地测试、监控和评估,同时还要承认社会—生态系统所固有的不确定性。适应性强调学习环境,适应性治理实践要依据明确的生态系统动态信息而非依据历史记录或历史预测对系统进行优化。

第三,支持灵活的制度和多级治理体系。适应性治理框架通常会通过适应性管理操作,将适应性管理的动态学习与多级联动特性相结合。管理权力和责任包括多个或多中心的机构和组织,比如有用户组、社区、政府机关和非政府组织等,机构和组织既不集中也不分散,而是跨级交互。适应性共管依赖多个利益主体的协作,通过社会网络在不同层级开展。灵活地管理重视多级社会网络对于生态系统管理的作用。

第四,应对广泛的外部扰动、不确定性和意外。一个运行良好的多级治理系统不仅要与受其管理的生态系统的动态保持一致,还需要该系统具有应对气候变化、疫病、飓风、市场需求变化和政府政策变化等外部风险的适应能力。社会—生态系统面临的挑战是接受不确定性、为变化和意外做好准备以及增强处理干扰的适应能力。显然,不具韧性的系统容易受外界变化的影响,而具有韧性的系统则可以利用扰动为其带来的机遇步入更理想的发展轨迹。

作为治理必不可少的组成部分,规划是引领和改善城市系统适应能力的重要工具和保障。由于传统规划范式依赖确定性较大的稳态逻辑,致使其在当前快速发展的城市复杂环境下因灵活性不足而难以有效地发挥导向性作用。于是,当前迫切需要开发一种更具适应性的规划范式,来帮助城市系统可以与不断变化的社会—生态风险共存和共同演化。适应性规划是在适应性治理的框架下,将规划、治理与持续的学习和实验过程紧密联系联系,从而使得规划能够有效应对当前和未来的社会环境变化。

二、适应性规划及特征

　　适应性规划是一种将适应性理念纳入城市未来空间安排的新规划范式，这一规划方法把未知的变化看作"机遇"，把规划看作"实验"，通过实验尝试习得经验，进而（持续）调整实验方案，以保障规划的灵活有效性。适应性规划的创新之处在于其建立起一种城市规划与内外部变化的共演化机制，充分利用变化带来的机遇，实现城市发展轨迹向可持续转变。

　　构建城市系统的适应能力是社会—生态韧性指导城市治理实践的核心目的，需要引入适应性规划来实现。由于传统规划范式大多基于特定用途，对每一个变化都有预期的影响和后果响应，所有变化一旦发生，就会有预期的标准方法来应对，这就造成其在应对不确定挑战时的有效性较差。而对适应性规划来说，解决不确定性就是其核心任务。适应性规划通过评估规划决策的可行性和有效性，以及规划过程中每个阶段可能存在的风险，尽可能将不确定性最小化。至于如何预知风险，可以通过规划人员系统地学习专业知识、在规划过程中尽可能多地提出假设、增强跨学科合作，以及尽可能将不同的利益主体纳入规划过程等方式。

　　将规划行动作为实验。作为一种积极主动的规划方法，适应性规划将规划行动视为测试实验，通过每一次的实验尝试和学习，获取经验教训，然后实验方案持续调整，以保障其灵活有效性。

　　同时实施多个实验。为加快学习速度，同时实施多个方案是适应性规划的重要策略。此外，由于每个实验行动都基于不同假设，同时实施多个实验还有助于探测不同的影响。

　　持续监测实验方案。监测是理解系统运行动态、减少不确定性的关键，有助于依据最近的状况为后续方案做出决策。监测还有助于评估项目、规划或策略和治理实践的有效性，结果可用于细化治理行动或目标。

　　边学边做。把不确定性作为学习机会而不是必须克服的障碍，或者及时反馈以确保决策者可以及时得到监测结果从而制定、改变方案决策,就可以实现在实践中学习,边学边做的目的。

三、适应性规划的步骤

尽管现有规划可能包含适应性过程,但适应性不是传统规划方法的核心,一个典型的适应性规划始于规划目的和目标,其次为规划制定,然后为规划的执行,在规划执行后还要进行评估,并且依据评估结果吸取经验教训,从而对规划方案进行调整。之后一直重复迭代前述过程(见图 9.11)。

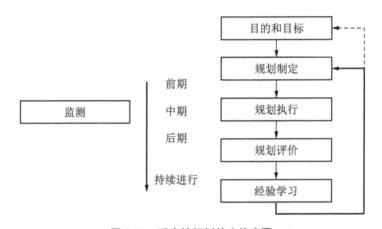

图 9.11 适应性规划的实施步骤

监测和评价是适应性规划方法的两个关键环节,也是适应性规划与传统规划方案的主要区别。监测要在规划实施前期、中期和后期持续进行。另外,在整个适应性规划过程都要鼓励公众参与,因为不同利益群体就规划目标达成共识的过程本身是一个跨学科协作的过程,促进了不同价值的融合(Kato,2008)。

四、迈向韧性的城乡规划策略

越来越严峻的复杂性和不确定性对城市治理方式提出了新挑战,而适应性治理是城市社会—生态系统实现可持续发展的必要途径。本节依据前述章节的分析(暴露于快速城市化和全球环境变化的双重风险现状下)以及本章提及的适应性治理框架的启示,为沈阳市中心城区实现韧性发展提出如下的适应性治理策略。

1. 建构对生态知识和动态变化的理解

传统城市管理中缺失社会—生态综合知识和对城市的系统性理解是导致城市脆弱性和不能有效应对扰动冲击的重要原因。由于对现有环境已具有基本的适应能力,并且在未充分考虑未来不确定性的情况下,人们常常会忽视生态环境对城市可持续的重要作用。沈阳市自 20 世纪 90 年代城镇化水平快速发展,城市用地的蔓延将生态功能空间大量破坏甚至侵吞,这就使得尽管其迅速发展成为一个特大城市,但不一定很有韧性。比如,在面临极端天气和气象事件时,城市能否自身消减并保障正常秩序? 又比如假设在洪水灾害后,城市可以迅速恢复原有秩序,那么如果面对的是一种前所未有的挑战,该城市是否也能够同样应对? 答案可能是否定的。这就要求城市治理过程必须通过不断学习和积累经验,形成适应性治理范式。另外,系统性的社会—生态观点认为社会与生态要素的互馈影响,以及系统跨尺度相互作用的本质导致了人为压力对生态环境的影响不可能轻易消除而且不可逆转,于是,适应性治理被置于社会—生态系统适应能力构建和增强的框架下,城市社会—生态韧性就寄希望利用生态系统服务这一工具建立起生态系统动态和人类福祉变动之间的联系,进而推进城市社会—生态系统适应性治理的尝试。

2. 形成协作共管机制

适应性治理倡导将多方面知识应用到持续的适应性过程中,而非从过去的预测中推断一切。因此,在系统发生扰动时能够有适当的机制发出提示信号很重要。比如通过进行持续地检测、监测和评估城市系统对诸如空气污染、洪水和其他压力与冲突等挑战,以增强适应性过程和及时反应。一个可以借鉴的案例是,为预防在极端炎热天气期间的疾病和死亡,加拿大多伦多通过国会和地方政府两级合作推出了热警报系统和热天气响应规划,就成功地建立起协作共管的预警机制。此外,形成协作共管机制也需要领导的推动,以及对社会所持有的规范和价值的改变。在适应性治理实践中,成功且具有韧性的适应性治理过程虽然可能仅有一个参与主体——地方当局者,甚至可以肯定来自地方当局的管理比较普遍且重要,但是协作、合作伙伴关系的建立和促进一定会发挥很关键的作用。

3. 促进多级网络治理模式

适应性治理的执行主要依靠适应性管理实现。适应性管理要求个人、社区、政府机构和非政府团体之间共享权力和责任,这些参与者通常以社会网络的形式在不同层次上存在,并且能够以一种特殊和灵活的方式运行。不同的适应过程在不同的规模/尺度上发生,既需要考虑利益相关者之间多重目标的冲突协调,也要考虑与生态规模相匹配,当然还需要法律、政治和金融机构的支持。未来,沈阳市会面临更复杂的不确定挑战,因此有必要对系统的动态学习与多级主体联动交互、结合进行适应性管理。在应对不确定性方面,要鼓励多方利益相关者共同参与,以平分负担和效益。适应性治理模式虽然并不局限,但自组织是系统韧性的重要表征。因此,要强调多级社会网络对于生态系统管理的重要作用,通过授权、供应和监管等模式实现适应性治理。

4. 为不确定性做准备

适应性治理要求治理安排能够足够灵活以便为不确定性做好准备。为了避免在未知风险中受创,沈阳市中心内城区要有协调和管理长期危机的准备,要充分预期未来的多种不确定挑战并考虑如何适应或应对,只有为变化和意外做好准备才能增强城市系统在未来处理干扰时的适应能力。此外,要想更成功地应对不确定性,则需要对更广泛的风险挑战具有适应性,因此可通过情境模拟或者其他方式尝试对不确定性进行补充和解决。这里还要提到一点,适应性治理对风险的理解超越了传统静态、负面的认知,而是给予动态、复杂和积极的理解。如果系统能够抓住风险带来的机会转型发展,则有助于城市系统重新组织成更加理想的状态。因此,只有为不确定做好充分准备,才能最大程度地及时且灵活地发挥适应能力。

作为一个理论命题,尽管适应性规划有重要的启发意义,但其也绝对不是万能的"灵丹妙药",这一理想化规划形式也存在局限性。首先,适应性规划的存在难以明确感知或衡量,因此其对城市韧性的贡献也难以衡量。如果说灵活性是其核心特征,那么过于灵活也会导致规划效率低下和系统的腐化,造成系统得不到有效保护。此外,适应性规划框架没有明确地指出参与者的职责,而是更关注系统性的交互格局。此外,适应性规划模式重视实验,这就造成了治理方案关注的尺度是地方性的,尽管这一治理模式的理论基础特别重视跨尺度的影响。鉴于上述事实,基于实验的适应性规划模式也没有真正关注跨尺度相互影响。

第五节　小　　结

在全球生态系统服务能力持续退化、城市化压力迅速增加的背景下,韧性理论提供了系统性理解和应对风险挑战的综合框架,受到规划领域越来越多的关注。尽管韧性在规划领域还是一个相对较新的术语,由于二者在重视人地关系、与实践领域直接相关、关注跨尺度互动,以及追求可持续发展目标等多方面具有共性,韧性有潜力为城市/空间规划理论与实践范式的改革和创新提供启示和借鉴。韧性对规划理论的启示包括:重视生态要素的重要作用;要为未来的变化做假设、留余地;关注跨尺度的互动和影响,通过不断学习和实验以及协作培育系统的适应能力。其对规划实践的影响为:利用韧性思维构建解决问题的框架;在规划的各个环节中均要纳入不同的利益相关者参与;基于历史经验和未来预测制定规划方案;引入生态系统服务和尝试适应性规划范式有助于保障城市空间的长期可持续发展。虽然城市韧性对规划干预、处理人地关系及实现可持续具有重要意义,不过,就目前而言,规划实践还没有跟得上城市韧性理论的发展步伐,城市韧性和空间规划还没有很好地融合。随着规划的目的由土地利用管控转向追求空间协调发展转型,可引入生态系统服务来缓解和适应当前的环境与社会挑战,通过优化供给侧的绿色基础设施空间布局以实现城市生态系统服务持续供应和城市社会—生态系统的永续发展。

绿色基础设施是社会—生态系统框架下增强城市韧性与可持续性的有效工具,是基于生态系统服务的城市韧性途径的重要保障,尤其有助于城市缓解和适应气候变化影响。城市空间治理决策可以通过干预绿色基础设施的规划设计来维持和优化绿色基础设施网络连通性以促进生物多样性保护、多功能生态系统服务持续供应,最终实现城市社会和生态系统的良性互动并塑造和增强城市的韧性水平。本章基于多学科工具与技术手段,以沈阳市中心城区为例,应用 MSPA、网络构建、夹点与障碍点分析等方法进行绿色基础设施网络构建与格局优化的研究尝试,旨在解决当前社会—生态视角城市韧性在具体实践中可操作性有限的不足,研究结果可为应用绿色基础设施工具提升城市社会—生态韧性的政策制定与规划设计实践提供参考。

第十章
结论与展望

伴随着快速城镇化,生态环境的剧烈变化与社会经济的深刻转型使得城市风险交织频现,严重威胁着城市安全、宜居和可持续发展。韧性理论提供了理解人地复杂关系的全新视角,也为城市系统从根本上化解风险、降低损失、更新重组提供了新的思路和途径。建设韧性城市现已成为国家战略,但目前关于系统性的城市韧性理论与实证研究还很欠缺。本书集成多学科知识、多源数据、多领域技术,对城市韧性内涵与要点进行批判性阐释,建立起城市韧性与城乡规划和治理实践之间的联系,提出韧性导向的城乡治理路径,不仅促进了地理学、生态学、规划学和管理学等多个学科的交叉融合,还为新形势下中国城乡规划治理创新发展以及推进城市的高质量可持续发展提供了科学基础和决策依据。

第一节　主　要　结　论

一、以韧性为核心的城市社会—生态系统

韧性的概念源于自然科学。随着全球环境变化、资源能源枯竭、社会经济变迁日益凸显,这一概念逐渐出现在社会科学研究中,不仅被赋予了更为复杂的社会意涵(比如权力关系),需要以更加综合、系统的视角理解和应

用,还促进了跨学科交叉研究。在社会—生态系统框架下,韧性是系统的涌现属性,表征系统对不确定风险扰动吸收、适应,以及促使系统更新和转型发展的能力,依赖耦合的生态过程与社会机制共同维持。在这个意义上,韧性的本质其实就是一种变革的能力,并且这种变革是朝向可持续发展方向的积极转变,因此,与之相关的扰动也不总是负面、消极的,而是系统优化、创新、可持续发展的重要驱动力。

城市韧性指促使城市系统在应对急性冲击和慢性压力时,能够灵活有效地发挥吸收、适应以及变革的能力。当城市被视为由社会、生态要素组成的复杂系统时,城市人地相互作用格局和过程从根本上决定着城市发展轨迹的可持续性,致力于提升城市系统适应能力的社会—生态途径值得引起更多重视,只有持续适应才可保证城市与不断变化的内外部风险共存和共同演化,而不会被无法预知的风险扰动彻底摧毁。提升韧性成为解决当前棘手的城市问题的新思路和途径。

韧性将城市适应能力构建与生态系统服务能力联系起来,生态系统服务的保险和选择价值有助于增强城市对生态环境变化的减缓和适应能力,并可同时促进社会、经济和环境等多种效益目标,尤其是在全球气候变暖日益明显的背景下,生态系统服务具有高效率、低成本、多功能性,能够同时响应多种不确定性的优势。不过只有持续、稳定与多样化的供应才能维持和增强城市系统的韧性。因此,本书认为有必要在城市治理决策中充分考虑生态系统服务的价值及其动态变化,重点关注生态系统是否能够持续供应、是否对不同的扰动具有差异化的响应能力、生态系统服务的供需关系在时空间尺度上是否匹配等问题,维持生态系统服务能力是实现城市社会—生态系统韧性与可持续性的重要途径。

绿色基础设施是增强城市社会—生态系统韧性的有效工具,是基于生态系统服务的城市韧性方案在实践中操作应用的物质基础,特别适用于城市减缓和适应气候变化风险的影响。适度联通是绿色基础设施维持充分、可持续生态系统服务供应的关键,同时有助于城市维持生物多样性和发挥多功能性。城市空间治理决策可以通过绿色基础设施规划和设计来保证生态系统服务的持续供应,同时也可促进城市社会与生态系统要素的良性互动与反馈,进而从根本上协调改善人地紧张关系。

景观是城市自然和人为活动共同塑造的复杂系统,适合作为城市社会—生态韧性发展演化的透镜与实践干预的载体。城市景观变动是城市系统动态变迁的缩影,景观的组成、配置变动也与城市韧性有着密切的联系,也是城市韧性潜力监测和塑造的媒介。合理的景观布局不仅有助于缓冲风险,还对城市系统从灾害影响中迅速恢复具有重要意义。基于城市景观进行城市韧性定量研究,不仅对这一抽象研究进行了必要的简化,而且提供了研究过程及表达所需的技术与工具,尤其是研究结果直接对接规划设计实践,通过指导景观配置、对其进行协调和权衡决策可有效塑造城市韧性。优化城市景观布局对于调和城市慢变量扰动、促进城市向可持续轨道发展转型至关重要。

二、跨学科的城市韧性理论内涵

随着城市韧性这一概念被学术研究、政策话语和规划实践广泛应用,其多面性、模糊性也大大增加,不同学科的交叉集成使用又进一步激发了韧性的多面性本质。就城市而言,其物质组成、空间范围、时空交互等特征具有动态性;关于韧性研究,各个学科传统和关注重点也不尽相同。由于在不同的议题背景下城市韧性的内涵差异很大,甚至还可能出现相互矛盾、截然相反的情况,因此在使用这一概念时,首先需要对其进行明确的界定。更为重要的是,在城市韧性这一术语不可避免地会引发困惑的现状下,需要加强对其全面解读、寻找共识、应用于具体实践并尽可能地实现不同学科间之间的合作与对话。

多数学者都将韧性视为一个规范、理想的系统属性,但韧性的本质到底是积极可取的,抑或相反,还是消极不可取的,成为学界的争议话题。事实上,决定一种属性/状态是否理想或可取需要规范性判断。由于韧性包含适应的涵义,当前的政治环境更倾向韧性这一概念,因为其致力于维持既定秩序还能解决短期问题。这也是城市韧性越来越受到关注的原因。然而,无论研究需要和利益群体如何变化,可以肯定的是,韧性的缘起是描述性的,其本质是一个分析或描述性的中立的概念,无关乎积极或消极的规范思维,只是在被社会科学借鉴和规划领域转译以及既得利益者操纵的过程中,逐渐赋予了规范性的伦理。

韧性与系统响应变化并维持基本性能有关,但必须要承认城市韧性是一个可塑性很强的概念,学界关于其到底是作为"边界对象"还是"桥接概念"存在而产生了争议。城市韧性的广义解释使得其被视作边界对象,促进了学科间的沟通与合作,体现为城市韧性这一概念在不同学科领域被越来越多地使用;而由于建立起科学和政策或实践之间的联系,城市韧性又被视作桥接概念,尤其体现为在社会—生态系统这一跨学科理论框架下,城市韧性提供了城市应对和响应不确定性挑战、实现可持续发展的理论和实践思路。由于从概念上并不能直接判断其属性,但是从韧性源自自然科学,然后被社会科学借鉴,最近又常应用于规划实践中可间接证明,城市韧性旨在协调不同领域或者同一领域理论与实践的共同规范目标。

城市本身是一个复杂系统,更确切地,是由物质系统和人类社会组成的相互联系相互依赖的复杂网络系统。物质系统扮演着骨架和肌肉的角色,在与灾难对抗时需要应对不同的压力;社会系统也具有广泛适应性,包括社会、经济、文化、政治等要素。因此,培育城市的韧性潜力不仅要重视完善能够快速响应灾害的物质结构,还要求关注社会群体适应变化的行为方式。在城市韧性研究中,整合两个维度,平衡社会—技术子系统和社会—生态子系统的韧性潜力,才能使城市系统灵活有效应对更广泛的不确定性和不可预测的灾害事件,最终实现长期的可持续发展。

韧性是城市系统的一般属性还是只针对特定风险事件的应对能力也存在争议。普遍韧性是也叫适应能力,这种能力不针对任何一种特定冲击或风险类型,是系统对不可预测的风险扰动所具有的全部潜力,注重长期的结果;而特定韧性则主要关注系统如何对已知的冲击或压力类型做出响应以及通过改变系统的属性可以提升其韧性潜力,这种能力是高度专业化的,通常需要在短期内见效,与之相关的潜力叫做适应性。对城市系统而言,毋庸置疑,这两种韧性都很重要,城市系统除了要对已知风险具有特定的适应性之外,还要保持对不可预见的威胁挑战具有适应能力。但是,过分关注特定韧性会破坏系统的灵活性、多样性,也即以一般韧性为代价。由于现实限制,城市治理通常会根据城市面临现实挑战的严峻程度在二者之间进行权衡,进而做出优先应对特定风险还是提升一般韧性的决策。不过,在考察城市系统对特定冲击或压力的韧性之前有必要先评估其一般韧性潜力。

城市韧性的实现可基于工程路径、生态路径和社会—生态(演化)路径。通过工程路径实现韧性的具体方式为抵抗变化、坚持唯一的平衡态或快速恢复到原有状态;在生态路径框架下,城市韧性旨在通过不断地适应变化来实现城市系统长期生存的目标,这显然是一种被动式地接受或"拥抱"变化的过程,也没有考虑引起变化的社会原因,而且社会力量在这一框架下被视为适应变化而非解决引起变化的根本原因;在社会—生态系统框架下,韧性与系统持续学习、适应和向更加可持续的发展轨迹转型的能力密切相关,城市韧性不是建立在对未来确定发展模式的预测,而是基于城市系统对意想不到的变化的缓解和适应能力,是确保城市系统在不确定的环境中实现安全与可持续发展的基础。激发起韧性的不确定性、风险或突发事件此时也被认为给城市系统的创新和转型发展提供了潜在机会,带来的是对原有系统的创造性破坏。城市系统因此可通过不断地更新和改造保证持续地发展与演化。

三、多重交互的城市韧性与城乡治理

城市韧性理论假设城市社会—生态系统是城市社会和生态子系统相互作用相互影响的耦合系统,这一耦合系统具有复杂适应性并受非线性因素的驱动处于持续动态变化中。很显然,该理论认为城市系统的本质是动态、非线性和自组织的,无论是否受外界扰动影响,系统都充满了不确定性和不稳定性,对传统城市治理决策以及基于均衡、稳定、可预测的系统认知提出了挑战。城市韧性从根本上摒弃了对秩序、确定性和稳定性的向往,倡导要"拥抱变化",重视更新、转型和变革,主张"变化才是唯一的不变"。此外,城市韧性的基础是适应性循环,因此主张构建适应能力是城市治理的核心,在实践中要关注跨尺度互动和影响。

当前,城市韧性越来越多地出现在城乡治理相关理论和实践中,究其原因,首先,持续加剧的环境风险提醒人们重新审视人类活动与自然环境之间的互馈机制。人类活动对生态系统服务和人居环境持续恶化应负主要责任。将社会和生态系统视为相互依赖、互为基础的有机整体,对于治理实践理解和应对环境风险具有重要意义。随着生态文明建设被列为国家战略性任务,城乡治理需要坚持人与自然和谐共生的原则,把增进民生福祉、满足人民美好生活需要作为经济社会发展的出发和落脚点。将城市和乡村视作现实世界中的社会—生态系统,通过生态治理对山水林田湖草等生态资源进行综合保护与修复,不断增强其协同力和活力,可充分发挥其在解决环境危机中的重要作用。

其次,在意识到城市风险的复杂性、不可预测性和必然性之后,城市韧性为重新思考治理提供了契机。为使城乡治理在应对系统不确定性时更加灵活有效,城市韧性为其提供了分阶段的策略,包括引发变化、在变化中保持发展、为变化后重组培育条件等。对于城市和乡村治理来说,由于面临的不确定风险既可能促进其向更可持续发展的路径转型,也可能导致彻底崩

溃,因此城乡治理过程需要重视"在做中学",并且,对未来可能发生的意外和变化要做好预判、留有余地,鼓励多元主体在多个尺度上协作和对话。

此外,城市韧性与城乡治理在重视多学科交叉融合、强调跨尺度协同合作以及致力于实现可持续发展目标等方面具有共性,因此二者可以进行跨学科学习和互鉴,尤其是城市韧性可为解决中国城乡发展问题和引导城乡治理实践提供启示。具体地,社会—生态耦合系统蕴含了人类与自然共生共荣,这与传统城乡治理过程中人地二分、城乡分割、重视社会经济发展而忽视生态环境保护形成鲜明对比。在以往的城乡规划中,尽管其重视人地关系及相互作用,但规划中很少突出强调生态因素的重要作用。随着空间治理由土地利用管控转向追求不同功能空间协调发展,生态因素不应被继续忽视。对于城乡治理实践,在解决生态环境问题时,应避免继续将城乡空间人为割裂,而应以协调人地矛盾为导向,在城乡和空间规划中纳入生态系统服务和绿色基础设施等实质性事项,以生态文明的价值观来处理生态系统与人类福祉的关系,并将其与各层级的治理实践相融合,形成以空间地域为单元的城乡综合治理实现手段。另外,多元社会主体的协同合作及其与生态环境的良性互动是城市系统实现可持续发展的重要保障。为实现城乡的高质量和可持续发展,城乡治理过程要重视多元利益整合,积极发挥企业、社会团体、个人的参与能量和贡献力量,培育不同主体的协作和创新能力,形成多中心治理体系,使治理不再是政府一元独大、自上而下式的管控,而是多元利益诉求平衡和平等协商的过程。不同利益主体要责权共享,共同为城乡治理决策贡献力量。最后,城市韧性倡导持续学习和适应,通过培育系统的适应能力使其消减更广泛的不确定性。城乡系统具有明显的差异、动态和开放性特征,传统上不顾具体对象的刚性政策越来越难以在治理过程中有效执行。为确保城乡政策的适应性,政策制定要持续调整,允许其存在变通、差异和例外来保证足够的弹性和开放透明性,这样才能实现刚性执行并最大限度地体现公平。

四、基于地方的城市适应性治理

城市韧性的构建和提升需要与之匹配的城市治理决策。持续变迁的城市环境对城市治理提出更高要求,因此需要更具灵活性的治理过程和决策,才能保证城市能够与意外和不确定性长期共存和共同演化。适应性治理作为一个连接全局变化和分级治理的框架,核心是实验和学习,有助于将基于生态理解的治理实践及其背后的社会机制联系起来,也为多中心治理提供了理论依据。基于地方的适应性治理,首先要建构对生态及其变动的理解。传统城市治理中缺乏对城市的系统性认知,这也是导致城市脆弱性和不能有效应对风险的重要原因。由于对当地环境已具有基本的适应能力,在未充分考虑未来不确定性的情况下,人们常常会忽视生态环境对城市可持续的重要作用。比如,在面临极端天气和气象事件时,城市能否自身消减并保障正常秩序? 又比如,在经历洪水灾害后,城市可迅速恢复,那么如果面对的是一种前所未有的灾害,城市是否也能够同样应对? 这就要求城市治理过程必须通过不断学习和积累经验,形成适应性治理范式。其次是形成协作共管机制。适应性治理倡导将已有知识应用到城市的持续适应过程中,而非从过去的预测中推断。因此,当城市发生扰动时能够有恰当机制发出提示信号很重要。比如通过进行持续地检测、监测和评估城市系统对诸如空气污染、洪水和其他压力与冲突等挑战,以增强适应性过程和及时反应。此外,形成协作共管机制也需要领导力推动,以及对社会所持有的规范和价值进行改变。在实践中,成功且具有韧性的适应性治理过程虽然可能仅有一个参与主体(地方官员),但协作和合作伙伴关系的建立一定会发挥关键的作用。再次是促进多级网络治理。城市适应性治理的执行主要依靠适应性管理实现。适应性管理要求个人、社区、政府机构和非政府团体之间共享权力和责任,这些参与主体通常以社会网络的形式在不同层级存在,并且能够以一种特殊和灵活的方式运行。不同的适应过程在不同的规模/尺度上发生,既需要考虑利益相关者之间多重目标的冲突协调,也要考虑与生态规模相匹配,当然还需要法律、政治和金融机构的支持。考虑到当地未来会面临更复杂的不确定风险,因此有必要对城市系统动态与多级主体联动交互进行适应性管理。在应对不确定性方面,要鼓励多方利益相关者共同参与,以平分负担和效益。适应性治理模式虽然并不局限,但自组织是系统韧性的重要表征。因此,要强调多级社会网络对于生态系统管理的重要作用,通过授权、供应和监管等模式实现适应性治理。最后,治理安排要为不确定性做好准备。为了避免在未知风险中受创,当地要有协调和管理长期危机的准备,要充分预期未来的多种不确定挑战并考虑如何适应或应对,只有为变化和意外做好准备才能增强城市系统在未来处理干扰时的适应能力。此外,要想更容易成功地应对不确定性,则需要对更广泛的风险挑战具有适应性,因此可通过情境模拟或者其他方式尝试对不确定性进行补充和解决。这里还要提到一点,城市适应性治理对风险的理解超越了传统静态、负面的认知,而是给予动态、复杂和积极的理解。如果系统能够抓住风险带来的机会转型发展,则有助于城市系统重新组织成更加理想的状态。因此,只有为不确定做好充分准备,才能最大程度地发挥适应能力。

第二节　研究展望

韧性理论源自生态学研究,将其应用于城市社会—生态系统中,尽管具有创新性,但也存在局限。最大的局限在于,将生态系统服务作为城市韧性的重要考察工具与机制,虽然生态系统服务能够联系城市社会动态和生态功能的互馈关系,但生态系统服务更多地是从协调人地关系、增进城市居民福祉等与生态维度更密切的视角出发,对于更深层次的社会机制,比如社会学习、创新和资本等的强调和关注明显不足,而这些社会因素对于城市系统的自适应和恢复力无疑具有十分重要的影响。因此,城市韧性未来的研究要考虑纳入更广泛的社会—生态机制,尤其要纳入多社会主体的参与和协作。

此外,尽管本书将研究的视角限定在 SESe 理论框架下,但为了结合空间规划应用,主要关注了城市物质/生态维度在增强城市系统的适应性和可持续性方面的作用。未来,可从社会、经济、生态、文化、政治等多个维度开展更为全面和系统的城市韧性定量测度和评估的新方法。

结合国内外城市韧性理论和实证研究领域的前沿热点,今后该领域的研究可从以下几个方面深入。

第一,绿色基础设施的应用实践。与城市韧性相类似,绿色基础设施、生态系统服务和基于自然的解决方案在国内相关研究中还不多见,这在一定程度上表明无论是学界还是应用领域均没有意识到自然、生态因素在增强城市韧性、尤其是在应对以气候变化为主的社会—生态威胁方面的重要作用。在目前规划的空间转向机遇下,深入探索绿色基础设施增强城市韧性的实践应用方式具有重要意义。

第二,增强城市气候韧性的途径方法。气候变化是 21 世纪全人类面临的严重挑战之一,也是当前国内国际社会关注的焦点议题。由于这一挑战固有的不确定性高、随机性强、破坏性大的特点,继续探究如何缓解和适应气候变化影响途径正变得越来越重要和紧迫,亟待未来研究尝试。

第三,城市韧性与空间规划和治理的跨学科学习借鉴。城市韧性是一个与城市和空间规划、治理都很相关的领域,进一步探究其联系、互鉴与启示,及其在实践中如何操作应用等,都是通过空间规划理论与范式的创新助力城市可持续发展的有效途径。

韧性理论提供了全新的视角和行动来协调改善人地关系、从根本上应对城市系统的复杂性和不确定风险,以及实现向可持续发展轨迹转型的途径,城市韧性已成为全球变化和可持续发展目标下多学科领域关注的重要学术课题。

目前对于城市韧性的理论及其定量化评估等关键问题的探索还很有限，以应用为导向的实证研究欠缺。本书在批判性阐释城市韧性内涵与要点的基础上，建立起城市韧性与城乡规划和治理之间的联系，提出韧性导向的城乡治理路径，为新形势下中国城乡治理转型提供依据。

本书不仅丰富了城市韧性的评估案例，提出的多尺度评估框架及方法也丰富了城市韧性研究方法论体系。同时，对城市群、城市、社区尺度的城市韧性机制及其联系进行挖掘，也有助于得到更综合有效的城市治理策略。

本书对管理学、地理学、生态学和社会学等领域的相关理论和方法进行有机整合，不仅促进了多学科知识、多源数据、多技术方法的交叉和融合，也扩充了跨学科合作研究对城市可持续发展和治理贡献的理论体系。

参考文献

一、中文

白志礼,曲晨.城乡二元结构的测度及其变革的制度创新[J].统计与决策,2008,19:49—52.

曹海军,霍伟桦.基于协作视角的城市群治理及其对中国的启示[J].中国行政管理,2014,(8):67—71.

陈佳,杨新军,尹莎,吴孔森.基于VSD框架的半干旱地区社会—生态系统脆弱性演化与模拟[J].地理学报,2016,71(7):1172—1188.

陈明星,叶超,陆大道,隋昱文,郭莎莎.中国特色新型城镇化理论内涵的认知与建构[J].地理学报,2019,74(4):633—647.

陈明星,周园,郭莎莎,等.新型城镇化研究的意义、目标与任务[J].地球科学进展,2019,34(9):974—983.

陈晓红,娄金男,王颖.哈长城市群城市韧性的时空格局演变及动态模拟研究[J].地理科学,2020,40(12):2000—2009.

成超男,胡杨,赵鸣.城市绿色空间格局时空演变及其生态系统服务评价的研究进展与展望[J].地理科学进展,2020,39(10):1770—1782.

方创琳,周成虎,顾朝林,陈利顶,李双成.特大城市群地区城镇化与生态环境交互耦合效应解析的理论框架及技术路径[J].地理学报,2016,71(4):531—550.

付诚,王一.公民参与社区治理的现实困境及对策[J].社会科学战线,2014,(11):207—214.

戈大专,龙花楼.论乡村空间治理与城乡融合发展[J].地理学报,2020,75(6):1272—1286.

国家统计局.中华人民共和国2019年国民经济和社会发展统计公报[EB/OL].

2020-02-28.

韩增林,朱文超,李博.区域弹性研究热点与前沿的可视化[J].热带地理,2021,41(1):206—215.

胡彬.双循环发展视角下长三角区域协同治理问题研究[J].区域经济评论,2020,48(6):52—61.

胡志强,段德忠,曾菊新.武汉城市圈经济—社会—资源环境系统脆弱性研究[J].湖北大学学报(自然科学版),2014,36(6):487—494.

黄晓军,王博,刘萌萌,杨新军,黄馨.社会—生态系统恢复力研究进展——基于CiteSpace 的文献计量分析[J].生态学报,2019,39(8):367—377.

李红波.韧性理论视角下乡村聚落研究启示[J].地理科学,2020,40(4):63—69.

李彤玥.韧性城市研究新进展[J].国际城市规划,2017,32(5):15—25.

李友梅.社区治理:公民社会的微观基础[J].社会,2007,27(2):159—169.

李玉恒,阎佳玉,刘彦随.基于乡村弹性的乡村振兴理论认知与路径研究[J].地理学报,2019,74(10):2001—2010.

理查德·C.博克斯.公民治理:引领 21 世纪的美国社区[M].北京:中国人民大学出版社,2005:15—23.

刘海猛,方创琳,李咏红.城镇化与生态环境"耦合魔方"的基本概念及框架[J].地理学报,2019,74(8):1489—1507.

刘兴坡,于腾飞,李永战,等.基于遥感图像的汇水区域综合径流系数获取方法[J].中国给水排水,2016,32(9):140—143.

刘志敏,修春亮,宋伟.城市空间韧性研究进展[J].城市建筑,2018,12:16—18.

刘志敏,叶超.社会—生态韧性视角下城乡治理的逻辑框架[J].地理科学进展,2021,40(1):95—103.

罗鑫玥,陈明星.城镇化对气候变化影响的研究进展[J].地球科学进展,2019,34(9):984—997.

孟德友,李小建,陆玉麒,樊新生.长江三角洲地区城市经济发展水平空间格局演变[J].经济地理,2014,34(2):50—57.

彭震伟.上海大都市区乡村振兴发展模式与路径[J].上海农村经济,2020,(4):31—33.

任泽平,熊柴,梁颖,李晓桐.新基建:必要性、可行性及政策建议[J].2020,(4):96—109.

邵亦文,徐江.城市韧性:基于国际文献综述的概念解析[J].国际城市规划,

2015，30(2):48—54.

史培军,宋长青,程昌秀.地理协同论——从理解"人—地关系"到设计"人—地协同"[J].地理学报,2019，74(1):5—17.

宋爽,王帅,傅伯杰,等.社会—生态系统适应性治理研究进展与展望[J].地理学报,2019，74(11):2401—2410.

孙晶,王俊,杨新军.社会—生态系统恢复力研究综述[J].生态学报,2007，(12):5371—5381.

孙阳,张落成,姚士谋.基于社会—生态系统视角的长三角地级城市韧性度评价[J].中国人口·资源与环境,2017，27(8):151—158.

孙宗耀,孙希华,徐新良,等.土地利用差异与变化对区域热环境贡献研究——以京津冀城市群为例[J].生态环境学报,2018，v.27(07):129—138.

唐珏岚.长三角城市群协同发展的实践探索与政策建议[J].上海行政学院学报,2020，21(2):86—94.

唐亚林.区域协同治理:一种新型亚国家治理范式[J].探索与争鸣,2020，372(10):10—12.

陶国根.协同治理:推进生态文明建设的路径选择[J].中国发展观察,2014，(2):30—32.

王成,任梅菁,胡秋云,李琴.乡村生产空间系统韧性的科学认知及其研究域[J].地理科学进展,2021，40(1):85—94.

王振.长三角地区一体化发展的新使命[N].新华日报,2019-04-02.

魏娜.我国城市社区治理模式:发展演变与制度创新[J].中国人民大学学报,2003，(1):136—141.

吴群刚,孙志祥.中国式社区治理[M].北京:中国社会出版社,2011. 52—64.

吴越菲.流动性治理:何以可能何以可为?[C]// 中国特色社会主义:实践探索与理论创新——纪念改革开放四十周年(上海市社会科学界第十六届学术年会文集—2018年度).上海,2018. 448—464.

夏建中.治理理论的特点与社区治理研究[J].黑龙江社会科学,2010，(2):125—130.

向云波,王圣云.新冠肺炎疫情扩散与人口流动的空间关系及对中国城市公共卫生分类治理启示[J].热带地理,2020，40(3):408—421.

熊春妮,魏虹,明娟.重庆市都市区绿地景观的连通性[J].生态学报,2007，28(5):2237—2244.

修春亮,魏冶,王绮.基于"规模—密度—形态"的大连市城市韧性评估[J].地理学报,2018,73(12):51—64.

许婵,文天祚,刘思瑶.国内城市与区域语境下的韧性研究述评[J].城市规划,2020,44(4):106—120.

杨敏.作为国家治理单元的社区——对城市社区建设运动过程中居民社区参与和社区认知的个案研究[J].社会学研究,2007,22(4):137—164.

杨忍,罗秀丽.发展转型视域下的乡村空间分化、重构与治理研究进展及展望[J].热带地理,2020,40(4):575—588.

杨山,杨虹霓,季增民,于璐璐.快速城镇化背景下乡村居民生活圈的重组机制——以昆山群益社区为例[J].地理研究,2019,38(1):119—132.

杨永春,孙燕,王伟伟.1959年以来日喀则市发展与空间演化的尺度逻辑[J].经济地理,2019,39(12):48—61.

叶超,于洁.迈向城乡融合:新型城镇化与乡村振兴结合研究的关键与趋势[J].地理科学,2020,40(4):528—534.

于亚平,尹海伟,孔繁花,等.基于MSPA的南京市绿色基础设施网络格局时空变化分析[J].生态学杂志,2016,35(6):1608—1616.

岳文泽,吴桐,刘学,张琳琳,吴次芳,叶艳妹,郑国轴.中国大城市蔓延指数的开发[J].地理学报,2020,75(12):2730—2743.

张锋.以智能化助推城市社区治理精细化研究——基于上海杨浦区控江路街道的实证分析[J].城市发展研究,2019,26(3):6—9.

张明斗,冯晓青.中国城市韧性度综合评价[J].城市问题,2018,34(10):27—36.

张平,隋永强.一核多元:元治理视域下的中国城市社区治理主体结构[J].江苏行政学院学报,2015,(5):49—55.

张平宇,马延吉,刘文新,陈群元.振兴东北老工业基地的新型城市化战略[J].地理学报,2004,59(7s):109—115.

张艳,王体健,胡正义,等.典型大气污染物在不同下垫面上干沉积速率的动态变化及空间分布[J].气候与环境研究,2004,9(4):591—604.

张志斌,潘晶,达福文.兰州城市人口空间结构演变格局及调控路径[J].地理研究,2012,31(11):2055—2068.

赵丹阳,佟连军,仇方道,郭付友.松花江流域城市用地扩张的生态环境效应[J].地理研究,2017,36(1):74—84.

赵瑞东,方创琳,刘海猛.城市韧性研究进展与展望[J].地理科学进展,2020,

39(10):1717—1731.

周成虎,裴韬,杜云艳,陈洁,许珺,王姣娥,张国义,苏奋振,宋辞,易嘉伟,马廷,葛咏,张岸,姜莉莉.新冠肺炎疫情大数据分析与区域防控政策建议[J].中国科学院院刊,2020, 35(2):200—203.

朱晓丹,叶超,李思梦.可持续城市研究进展及其对国土空间规划的启示[J].自然资源学报,2020, 35(9):2120—2133.

二、英文

Abshirini E, Koch D, Legeby A. flood resilient cities: A syntactic and metric novel on measuring the resilience of cities against flooding, Gothenburg, Sweden[J]. Journal of Geographic Information System, 2017, 9(5):505.

Adger W N. Building resilience to promote sustainability[C]. Newsletter of the International Human Dimensions Program on Global Environmental Change, 2003, 2:1—3.

Adger N W. Social and ecological resilience: Are they related? [J]. Progress in human Geography, 2000, 24:347—364.

Ahern J, Cilliers S, Niemelä J. The concept of ecosystem services in adaptive urban planning and design: A framework for supporting innovation[J]. Landscape and Urban Planning, 2014, 125(10):254—259.

Ahern J. Urban landscape sustainability and resilience: the promise and challenges of integrating ecology with urban planning and design[J]. Landscape Ecology, 2013, 28(6):1203—1212.

Ahern J. From fail-safe to safe-to-fail: Sustainability and resilience in the new urban world[J]. Landscape and Urban Planning, 2011, 100:341—343.

Alexander D E. Resilience and disaster risk reduction: an etymological journey [J]. Natural Hazards and Earth System Sciences, 2013, 13(11):2707—2716.

Alibašić H. The nexus of sustainability and climate resilience planning: Embedding climate resilience policies in local governments[J]. The International Journal of Climate Change: Impacts and Responses, 2018, 10(2):21—33.

Allam Z, Bibri S E, Chabaud D, et al. The "15-Minute City" concept can shape a net-zero urban future[J]. Humanities and Social Sciences Communications, 2022, 9(1):1—5.

Allen C R, Birge H E, Angeler D G, et al. Quantifying uncertainty and trade-offs in resilience assessments[J]. Ecology and Society, 2018, 23:3—25.

Andersson E, Barthel S, Borgström S, et al. Reconnecting cities to the biosphere: stewardship of green infrastructure and urban ecosystem services [J]. Ambio, 2014, 43:445—453.

Andrijevic M, Crespo Cuaresma J, Muttarak R, et al. Governance in socioeconomic pathways and its role for future adaptive capacity[J]. Nature Sustainability, 2020, 3:35—41.

Angeler D G, Allen C R. Quantifying resilience[J]. Journal of Applied Ecology, 2016, 53:617—624.

Angheloiu C, Tennant M. Urban futures: Systemic or system changing interventions? A literature review using Meadows' leverage points as analytical framework[J]. Cities, 2020, 104:102808.

Jerneck A, Olsson L. Adaptation and the poor: development, resilience and transition[J]. Climate Policy, 2008, 8(2):170—182.

Ansell C, Gash A. Collaborative governance in theory and practice[J]. Journal of Public Administration Research and Theory, 2008, 18(4):543—571.

Armitage D, Berkes F, Doubleday N. Adaptive co-management: Collaboration, learning and multi-level governance[M]. Vancouver: UBC Press. 2007.

Armitage D, Johnson D. Can resilience be reconciled with globalization and the increasingly complex conditions of resource degradation in Asian coastal regions? [J]. Ecology and society, 2006, 11(1):2.

Arnstein S R. A Ladder of Citizen Participation[J]. Journal of the American Institute of Planners, 1969, 35(4):216—224.

Aubrecht C, Özceylan D. Identification of heat risk patterns in the US National Capital Region by integrating heat stress and related vulnerability[J]. Environment international, 2013, 56:65—77.

Baggio J A, Brown K, Hellebrandt D. Boundary Object or Bridging Concept? A Citation Network Analysis of Resilience[J]. Ecology and Society, 2015, 20(2):2.

Barnett J. Security and Climate Change [J]. Global Environmental Change, 2003, 13(1):7—17.

Barrett C B, Constas M A. Toward a theory of resilience for international development applications[J]. Proceedings of the National Academy of Sciences, 2014, 111:14625—14630.

Barthel S, Parker J, Ernstson H. Food and Green Space in Cities: A Resilience Lens on Gardens and Urban Environmental Movements[J]. Urban Studies, 2015, 52(7):1321—1338.

Beichler S A, Hasibovic S, Davidse B J, et al. The role played by social-ecological resilience as a method of integration in interdisciplinary research[J]. Ecology and Society, 2014, 19(3):1—8.

Benedict M A, McMahon E T. Green Infrastructure. Island, Washington, DC, 2006.

Berkes F. Environmental governance for the anthropocene? Social-ecological systems, resilience, and collaborative learning[J]. Sustainability, 2017, 9(7):1232.

Berkes F, Colding J, Folke C. Navigating social-ecological systems[M]. Cambridge University Press, 2003.

Berkes F, Folke C. Linking social and ecological systems: management practices and social mechanisms for building resilience[M]. Cambridge University Press, Cambridge, UK, 1998.

Berry B J. Cities as Systems Within Systems of Cities[J]. Papers in Regional Science. 1964, 13(1):147—163.

Berte E, Panagopoulos T. Enhancing city resilience to climate change by means of ecosystem services improvement: a SWOT analysis for the city of Faro, Portugal [J]. International Journal of Urban Sustainable Development, 2014, 6(2):241—253.

Benedict M A, McMahon E T. Green infrastructure: Linking landscapes and communities[M]. Island press, 2012.

Biggs R, Carpenter S R, Brock W A. Turning back from the brink: Detecting an impending regime shift in time to avert it[J]. Proceedings of the National Academy of Sciences of the United States of America, 2009, 106(3):826—831.

Biggs R, Schlüter M, Biggs D, et al. Toward principles for enhancing the resilience of ecosystem services[J]. Annual review of environment and resources, 2012, 37:421—448.

Birkmann J, Garschagen M, Setiadi N. New challenges for adaptive urban governance in highly dynamic environments: Revisiting planning systems and tools for adaptive and strategic planning[J]. Urban Climate, 2014, 7:115—133.

Bodin Ö. Collaborative environmental governance: achieving collective action in social-ecological systems[J]. Science, 2017, 357(6352): eaan1114.

Bounoua L, Zhang P, Mostovoy G, et al. Impact of urbanization on US surface climate[J]. Environmental Research Letters, 2015, 10(8):084010.

Bourne A, Holness S, Holden P, et al. A socio-ecological approach for identifying and contextualising spatial ecosystem-based adaptation priorities at the sub-national level[J]. Plos One, 2016, 11(5):e0155235.

Bozza A, Asprone D, Fabbrocino F. Urban Resilience: A Civil Engineering Perspective[J]. Sustainability, 2017, 9:103.

Brand F S, Jax K. Focusing the meaning(s) of resilience: resilience as a descriptive concept and a boundary object[J]. Ecology and Society, 2007, 12(1):23.

Bristow D N, Kennedy C A. Urban metabolism and the energy stored in cities: Implications for resilience[J]. Journal of Industrial Ecology, 2013, 17:656—667.

Brown A, Dayal A, Rumbaitis D R C. From practice to theory: Emerging lessons from Asia for building urban climate change resilience[J]. Environment and Urbanization, 2012, 24(2):531—556.

Brown C, Shaker R R, Das R. A review of approaches for monitoring and evaluation of urban climate resilience initiatives[J]. Environment, Development and Sustainability, 2018, 20:23—40.

Brown K, Westaway E. Agency, capacity, and resilience to environmental Change: Lessons from human development, well-Being, and disasters[J]. Social Science Electronic Publishing, 2011, 36(1):321—342.

Brown, K. Global environmental change I: A social turn for resilience? [J]. Progress in Human Geography, 2014, 38(1):107—117.

Brugge R V D, Raak R V. Facing the adaptive management challenge: Insights from transition management[J]. Ecology and Society, 2007, 12(2):375—386.

Brunetta G, Faggian A, Caldarice O. Bridging the gap: The measure of urban resilience[J]. Sustainability, 2021, 13(3):1—4.

Brunner R D, Lynch A H. Adaptive governance and climate change[J]. Environmental Sciences, 2010, 4(3):131—137.

Burkhard B, Kroll F, Nedkov S, et al. Mapping ecosystem service supply, demand and budgets[J]. Ecological Indicators, 2012, 21:17—29.

Byrne J A, Sipe N. Green and open space planning for urban consolidation—A review of the literature and best practice[R]. Urban Research Program, 2010.

Cachinho, H. Consumerscapes and the resilience assessment of urban retail systems[J]. Cities, 2014, 36:131—144.

Cameron R W F, Blanuša T, Taylor J E, et al. The domestic garden—Its contribution to urban green infrastructure[J]. Urban forestry & urban greening, 2012, 11(2):129—137.

Campanella T J. Urban resilience and the recovery of New Orleans[J]. Journal of the American Planning Association, 2006, 72(2):141—146.

Canadell J G, Raupach M R. Managing forests for climate change mitigation[J]. Science, 2008, 320(5882):1456—1457.

Carlier J, Moran J. Landscape typology and ecological connectivity assessment to inform Greenway design[J]. Science of The Total Environment, 2019, 651: 3241—3252.

Carpenter S R, Folke C, Scheffer M, Westley F. Resilience: Accounting for the noncomputable[J]. Ecology and Society, 2009, 14:140—154.

Carpenter A M. Resilience in the social and physical realms: Lessons from the Gulf Coast [J]. International Journal of Disaster Risk Reduction, 2015, 14: 290—301.

Carpenter S R, Westley F, Turner M G. Surrogates for resilience of social-ecological systems[J]. Ecosystems, 2005, 8:941—944.

Chelleri L, Olazabal M, Kunath A, et al. Multidisciplinary perspectives on Urban Resilience[M]. 2012.

Chelleri L, Waters J J, Olazabal M, et al. Resilience trade-offs: addressing multiple scales and temporal aspects of urban resilience[J]. Environment & Urbanization, 2015, 27(1):1—18.

Chelleri L. From the "Resilient City" to urban resilience: A review essay on understanding and integrating the resilience perspective for urban systems[J]. Documents Danàlisi Geogràfica, 2012, 58(2):287—306.

Chelleri L, Schuetze T, Salvati L. Integrating resilience with urban sustainability in neglected neighborhoods: Challenges and opportunities of transitioning to decentralized water management in Mexico City[J]. Habitat International, 2015, 48: 122—130.

Chelleri L, Waters J J, Olazabal M, et al. Resilience trade-offs: Addressing multiple scales and temporal aspects of urban resilience[J]. Environment and Urbanization, 2015, 27:1—18.

Chelleri L, Olazabal M. Multidisciplinary perspectives on urban resilience[M]. Bibao, Spain: Basque Centre for Climate Change, 2012.

Chen M X, Gong Y H, Lu D D, et al. Build a people-oriented urbanization: China's new-type urbanization dream and Anhui model[J]. Land Use Policy, 2019, 80:1—9.

Chen C. CiteSpace II: Detecting and visualizing emerging trends and transient patterns in scientific literature[J]. Journal of the American Society for Information Science, 2006, 57:359—377.

Chmutina K, Lizarralde G, Dainty A, et al. Unpacking resilience policy discourse[J]. Cities, 2016, 58:70—79.

Ciobanu N, Saysel A. Using social-ecological inventory and group model building for resilience assessment to climate change in a network governance setting: A case study from Ikel watershed in Moldova[J]. Environment Development and Sustainability, 2020, 23(2): 1065—1085.

Coaffee J. Risk, resilience, and environmentally sustainable cities[J]. Energy Policy, 2008, 36(12):4633—4638.

Cohen-Shacham E, Janzen C, Maginnis S, et al. Nature-based solutions to address global societal challenges[M]. Gland, Switzerland: IUCN, 2016.

Colding J, Barthel S. Exploring the social-ecological systems discourse 20 years later[J]. Ecology and Society, 2019, 24(1):2.

Colding J. The role of ecosystem services in contemporary urban planning[J]. Urban Ecology Patterns Processes and Applications, 2011.

Colding J, Elmqvist T, Olsson P. Living with disturbance: building resilience in social-ecological systems[J]. Navigating Social-ecological Systems: Building Resilience for Complexity and Change, 2003:163—185.

Collier M J, Nedovic-Budic Z, Aerts J, et al. Transitioning to resilience and sustainability in urban communities[J]. Cities, 2013, 32:S21—S28.

Colucci A. Towards resilient cities. Comparing approaches/strategies [J]. Journal of Land Use Mobility and Environment, 2012, 5:101—116.

Cote M, Nightingale A J. Resilience thinking meets social theory: Situating social change in socio-ecological systems (SES) research[J]. Progress in Human Geography, 2012, 36:475—489.

Cumming G S, Barnes G, Perz S, et al. An exploratory framework for the empirical measurement of resilience[J]. Ecosystems, 2005, 8(8):975—987.

Cumming G S. Spatial resilience: Integrating landscape ecology, resilience, and sustainability[J]. Landscape ecology, 2011, 26(7):899—909.

Cutter S L, Barnes L, Berry M, et al. A place-based model for understanding community resilience to natural disasters[J]. Global Environmental Change, 2008, 18(4):598—606.

Da Silva J, Kernaghan S, Luque A. A systems approach to meeting the challenges of urban climate change[J]. International Journal of Urban Sustainable Development, 2012, 4(2):125—145.

Daba M H, Dejene S W. The role of biodiversity and ecosystem services in carbon sequestration and its implication for climate change mitigation[J]. International Journal of Environmental Sciences and Natural Resources, 2018, 11:1—10.

Dan P. Review of green infrastructure planning methods[J]. City Planning Review, 2012, 36:84—90.

Davoudi S, Brooks E, Mehmood A. Evolutionary resilience and strategies for climate adaptation[J]. Planning Practice and Research, 2013, 28(3):307—322.

Davoudi S, Crawford J, Mehmood A. Planning for Climate Change: Strategies for Mitigation and Adaptation for Spatial Planners[M]. Routledge, 2009.

Davoudi S. Resilience: A bridging concept or a dead end? [J]. Planning Theory & Practice, 2012, 13(2):299—307.

Davoudi S, Brooks E, Mehmood A. Evolutionary resilience and strategies for climate adaptation[J]. Planning Practice and Research, 2013, 28:307—322.

Davoudi S, Shaw K, Haider L J, et al. Resilience: A bridging concept or a dead end? "Reframing" resilience: challenges for planning theory and practice interacting traps: resilience assessment of a pasture management system in Northern Afghanistan urban resilience: what does it mean in planning practice? Resilience as a useful concept for climate change adaptation? The politics of resilience for planning: a cautionary note[J]. Planning Theory & Practice, 2012, 13:299—333.

De Montis A, Caschili S, Mulas M, et al. Urban-rural ecological networks for landscape planning[J]. Land Use Policy, 2016, 50:312—327.

De Vries J. Climate change and spatial planning below sea-level: Water, water and more water, interface section[J]. Planning Theory & Practice, 2006, 7(2): 223—227.

Demuzere M, Orru K, Heidrich O, et al. Mitigating and adapting to climate change: Multi-functional and multi-scale assessment of green urban infrastructure [J]. Journal of Environmental Management, 2014, 146:107—115.

Deppisch S, Hasibovic S. Social-ecological resilience thinking as a bridging concept in transdisciplinary research on climate-change adaptation[J]. Natural Hazards, 2013, 67(1):117—127.

Ebert U, Welsch H. Meaningful environmental indices: A social choice approach[J]. Journal of Environmental Economics and Management, 2004, 47: 270—283.

Eggermont H, Balian E, Azevedo, José Manuel N, et al. Nature-based solutions: New influence for environmental management and research in Europe[J]. GAIA—Ecological Perspectives for Science and Society, 2015, 159:243—248.

Ehrlich P, Ehrlich A. Extinction: The causes and consequences of the disappearance of species[M]. New York: Random House, 1981.

Elmqvist T, Andersson E, Frantzeskaki N, et al. Sustainability and resilience for transformation in the urban century[J]. Nature Sustainability, 2019, (2): 267—273.

Elmqvist T, Setälä H, Handel S N, et al. Benefits of restoring ecosystem services in urban areas[J]. Current opinion in environmental sustainability, 2015, 14: 101—108.

Elmqvist T, Barnett G, Wilkinson C. Exploring urban sustainability and resilience. In Leonie J. Pearson, Peter W. Newman, Peter Roberts(Eds.), Resilient sustainable cities: A future. New York, NY: Routledge. 2014, pp.19—28.

Elola A, Parrilli M D, Rabellotti R. The resilience of clusters in the context of increasing globalization: The Basque wind energy value chain[J]. European Planning

Studies, 2013, 21:989—1006.

Emerson K, Nabatchi T. Collaborative governance regimes[M]. Washington, D.C.: Georgetown University Press, 2015.

Endreny T, Santagata R, Perna A, et al. Implementing and managing urban forests: A much needed conservation strategy to increase ecosystem services and urban wellbeing[J]. Ecological Modelling, 2017, 360:328—335.

Engle N L, De Bremond A, Malone E L, et al. Towards a resilience indicator framework for making climate-change adaptation decisions[J]. Mitigation and Adaptation Strategies for Global Change, 2014, 19(8):1295—1312.

Erickson A. Efficient and resilient governance of social-ecological systems[J]. Ambio, 2015, 44(5):343—352.

Ernstson H, Leeuw S E V D, Redman C L, et al. Urban transitions: On urban resilience and human-dominated ecosystems[J]. Ambio, 2010, 39(8):531—545.

Escobedo F J, Giannico V, Jim C Y, et al. Urban forests, ecosystem services, green infrastructure and nature-based solutions: Nexus or evolving metaphors? [J]. Urban Forestry and Urban Greening, 2018, 37:3—12.

Eufemia L, Schlindwein I, Bonatti M, et al. Community-based governance and sustainability in the Paraguayan Pantanal[J]. Sustainability, 2019, (11):5158.

European Commission(EC). Nature-Based Solutions and Re-Naturing Cities. Final Report of the Horizon 2020 Expert Group on "Nature-Based Solutions and Re-Naturing Cities"[N]. Directorate-General for Research and Innovation-Climate Action, Environment, Resource Efficiency and Raw Materials, 2015:74.

European Commission(EC). The Multifunctionality of Green Infrastructure. Science for Environment Policy. In Depth Reports, March 2012.

European Environment Agency(EEA). Air Quality in Europe[R]. European Environmental Agency, Copenhagen, 2013.

Evans J P. Resilience, ecology and adaptation in the experimental city[J]. Transactions of the Institute of British Geographers, 2011, 36(2):223—237.

Fabinyi M. The political aspects of resilience[A]// Proceedings of the 11th International Coral Reef Symposium, Fort Lauderdale, FL, 2008:971—975.

Faivre N, Fritz M, Freitas T, et al. Nature-Based Solutions in the EU: Innovating with nature to address social, economic and environmental challenges[J]. Environmental Research，2017，159:509—518.

Feliciotti A，Romice O，Porta S. Design for change: Five proxies for resilience in the urban form[J]. Open House International，2016，41:23—30.

Feliciotti A，Romice O，Porta S. Masterplanning for change: Lessons and directions[A]// In Proceedings of the 29th Annual AESOP Prague 2015 Congress，Prague，Czech Republic，13—16 July 2015.

Fingleton B，Palombi S. Spatial panel data estimation，counterfactual predictions，and local economic resilience among British towns in the Victorian era[J]. Regional Science and Urban Economics，2013，43:649—660.

Fiona M，Henny O，Emily B，et al. Resilience and vulnerability: complementary or conflicting concepts? [J]. Ecology and Society，2010，15(3):11.

Fischer J，Peterson G D，Gardner T A，et al. Integrating resilience thinking and optimisation for conservation[J]. Trends in Ecology & Evolution，2009，24(10): 549—554.

Fisher B，Turner R K，Morling P. Defining and classifying ecosystem services for decision making[J]. Ecological Economics，2009，68(3):643—653.

Fleischhauer M. The Role of Spatial Planning in Strengthening Urban Resilience [M]// In: Pasman H.J.，Kirillov I.A.（eds）Resilience of Cities to Terrorist and other Threats. NATO Science for Peace and Security Series Series C: Environmental Security. Springer，Dordrecht，2008:273—298.

Fletcher T D，Andrieu H，Hamel P. Understanding，management and modelling of urban hydrology and its consequences for receiving waters: A state of the art [J]. Advances in Water Resources，2013，51:261—279.

Folke C，Hahn T，Olsson P，et al. Adaptive governance of social-ecological systems[J]. Annual Review of Environment and Resources，2005，30(1):441—473.

Folke，C. Resilience: The emergence of a perspective for social-ecological systems analyses[J]. Global environmental change，2006，16:253—267.

Folke C，Carpenter S R，Walker B，et al. Resilience thinking: Integrating resilience，adaptability and transformability [J]. Ecology and Society，2010，15: 299—305.

Frantzeskaki N. Seven lessons for planning nature-based solutions in cities[J]. Environmental Science and Policy，2019，93:101—111.

Frazier T G, Thompson C M, Dezzani R J. A Framework for the development of the SERV model: A spatially explicit resilience-vulnerability model[J]. Applied Geography, 2014, 51:158—172.

Friedmann J. The uses of planning theory: A bibliographic essay[J]. Journal of Planning Education and Research, 2008, 28(2):247—257.

Friend R, Moench M. What is the purpose of urban climate resilience? Implications for addressing poverty and vulnerability[J]. Urban Climate, 2013, 6:98—113.

Ganin A, Kitsak M, Marchese D, et al. Resilience and efficiency in transportation networks[J]. Science advances, 2017, 3(12):e1701079.

Garb Y, Pulver S, Vandeveer S D. Scenarios in society, society in scenarios: Toward a social scientific analysis of storyline-driven environmental modeling[J]. Environmental Research Letters, 2008, 3(4):1—8.

Garmendia E, Apostolopoulou E, Adams W M, et al. Biodiversity and Green Infrastructure in Europe: Boundary object or ecological trap? [J]. Land Use Policy, 2016, 4(56):315—319.

Ge D, Long H, Ma L, et al. Analysis framework of China's grain production system: A spatial resilience perspective[J]. Sustainability, 2017, 9(12):2340.

Gharai F, Masnavi M R, Hajibandeh M. Urban local-spatial resilience: Developing the key indicators and measures, a brief review of literature[J]. Bagh-e Nazar, 2018, 14(57):19—32.

Glaeser E L. Urban resilience[J]. Urban studies, 2022, 59(1):3—35.

Gleeson B. Critical Commentary. Waking from the Dream: An Australian Perspective on Urban Resilience[J]. Urban Studies, 2008, 45(13):2653—2668.

Godschalk D R. Urban hazard mitigation: creating resilient cities[J]. Natural Hazards Review, 2003, 4(3):136—143.

Goldstein B. Resilience to surprises through communicative planning [J]. Ecology and Society, 2009, 14(2):33.

Gong P, Li X, Zhang W. 40-Year(1978—2017) human settlement changes in China reflected by impervious surfaces from satellite remote sensing[J]. Science Bulletin, 2019, 64:756—763.

González D P, Monsalve M, Moris R, et al. Risk and resilience monitor: Development of multiscale and multilevel indicators for disaster risk management for the communes and urban areas of Chile[J]. Applied Geography, 2018, 94:262—271.

Goodwin M. Rural governance, devolution and policy delivery[M]. In: Mike Woods, editors. New Labour's countryside rural policy in Britain since 1997. Policy Press Scholarship, 2008.

Grafakos S, Gianoli A, Tsatsou A. Towards the development of an integrated sustainability and resilience benefits assessment framework of urban green growth interventions[J]. Sustainability, 2016, 8:461—494.

Greenwalt J, Raasakka N, Alverson K. Building Urban Resilience to Address Urbanization and Climate Change[M]. Resilience: The Science of Adaptation to Climate Change, 2018, pp:151—164.

Grimm N B, Faeth S H, Golubiewski N E, et al. Global Change and the Ecology of Cities[J]. Science, 2008, 319(5864):756—760.

Gu C L. Urbanization: positive and negative effects[J]. Science Bulletin, 2019, 5:281—283.

Gunderson L H. Panarchy: Understanding transformations in human and natural systems[M]. Island press, 2001.

Guyer J I, Lambin E F, Cliggett L, et al. Temporal heterogeneity in the study of African land use[J]. Human Ecology, 2007, 35(1):3—17.

Haase D, Larondelle N, Andersson E, et al. A Quantitative Review of Urban Ecosystem Service Assessments: Concepts, Models, and Implementation [J]. AMBIO, 2014, 43(4):413—433.

Hansen R, Pauleit S. From Multifunctionality to Multiple Ecosystem Services? A Conceptual Framework for Multifunctionality in Green Infrastructure Planning for Urban Areas[J]. Ambio, 2014, 43(4):516—529.

Hans-Martin Füssel, Klein T. Climate Change Vulnerability Assessments: An Evolution of Conceptual Thinking[J]. Climatic Change, 2006, 75(3):301—329.

Haq S M A. Urban green spaces and an integrative approach to sustainable environment[J]. Journal of Environmental Protection, 2011, 2(5):601—608.

Henstra D. Toward the Climate-Resilient City: Extreme Weather and Urban Climate Adaptation Policies in Two Canadian Provinces[J]. Journal of Comparative Policy Analysis: Research and Practice, 2012, 14(2):175—194.

Hillier B. Spatial sustainability in cities: organic patterns and sustainable forms

[C]. Royal Institute of Technology(KTH), 2009.

Hillier J. Stretching beyond the horizon: A multiplanar theory of spatial planning and governance[J]. Urban Policy and Research, 2007, 26(3):386—388.

Holling C. Engineering resilience versus ecological resilience[J]. Engineering within ecological constraints, 1996, 31:32.

Holling C. Resilience and stability of ecological systems[J]. Annual review of ecology and systematics, 1973, 4(1):1—23.

Holt A R, Mears M, Maltby L, et al. Understanding spatial patterns in the production of multiple urban ecosystem services[J]. Ecosystem Services, 2015, 16: 33—46.

Hosseini S, Barker K, Ramirez-Marquez J. A review of definitions and measures of system resilience[J]. Reliability Engineering & System Safety, 2016, 145(1):47—61.

Hubacek K, Kronenberg J. Synthesizing different perspectives on the value of urban ecosystem services. Landscape and Urban Planning, 2013, 109(1):1—6.

Hunt A, Watkiss P. Climate change impacts and adaptation in cities: A review of the literature[J]. Climatic Change, 2011, 104(1):13—49.

Huntjens P, Lebel L, Pahl-Wostl C, et al. Institutional design propositions for the governance of adaptation to climate change in the water sector[J]. Global Environmental Change, 2012, 22(1):67—81.

Ionescu C, Klein T, Hinkel J, et al. Towards a formal framework of vulnerability to climate change[J]. Environmental Modeling and Assessment, 2009, 14(1): 1—16.

Ivanovich C C, Sun T, Gordon D R, et al. Future warming from global food consumption[J]. Nature Climate Change, 2023, 13, 297—302.

Jabareen Y. Planning the resilient city: Concepts and strategies for coping with climate change and environmental risk[J]. Cities, 2013, 31:220—229.

James P, Tzoulas K, Adams M D, et al. Towards an integrated understanding of green space in the European built environment[J]. Urban Forestry & Urban Greening, 2009, 8(2):65—75.

Kabisch N, Matilda V D B, Lafortezza R. The health benefits of nature-based solutions to urbanization challenges for children and the elderly—A systematic review[J]. Environmental Research, 2017, 159:362—373.

Kates R W, Colten C E, Laska S, et al. Reconstruction of New Orleans after Hurricane Katrina: A research perspective[J]. Proceedings of the National Academy of Sciences, 2006, 103(40):14653—14660.

Kato S, Ahern J. "Learning by doing": adaptive planning as a strategy to address uncertainty in planning[J]. Journal of Environmental Planning and Management, 2008, 51(4):543—559.

Klein R J T, Nicholls R J, Thomalla F. Resilience to natural hazards: How useful is this concept? [J]. Global Environmental Change Part B: Environmental Hazards, 2003, 5(1):35—45.

Koch D, Miranda Carranza P. Syntactic resilience[C]//9th international space syntax symposium, Seoul Sejong University 2013. Sejong University Press, 2013: 54:1—54:16.

Kovacs E, Mile O, Fabok V, et al. Fostering adaptive co-management with stakeholder participation in the surroundings of soda pans in Kiskunság, Hungary—An assessment[J]. Land Use Policy, 2021, 100:104894.

Kukkala A S, Moilanen A. Ecosystem services and connectivity in spatial conservation prioritization[J]. Landscape Ecology, 2017, 32(1):5—14.

Lamond J E, Proverbs D G. Resilience to flooding: Lessons from international comparison[J]. Proceedings of the Institution of Civil Engineers, 2009, 162:63—70.

Lebel L, Anderies J M, Campbell B, et al. Governance and the capacity to manage resilience in regional social-ecological systems[J]. Ecology and Society, 2006, 11(1):19.

Lee M. Conceptualizing the new governance: a new institution of social coordination[J]. The Institutional Analysis and Development Mini-Conference, 2003:5.

Leemans R. The lessons learned from shifting from global-change research programmes to transdisciplinary sustainability science[J]. Current Opinion in Environmental Sustainability, 2016, 19:103—110.

Leemans R. The Millennium Ecosystem Assessment: Securing Interactions between Ecosystems, Ecosystem Services and Human Well-being [M]. Facing Global Environmental Change. 2009.

Leichenko R. Climate change and urban resilience[J]. Current Opinion in Environmental Sustainability, 2011, 3(3):164—168.

Lennon M, Scott M J, Collier M, et al. The emergence of green infrastructure as promoting the centralisation of a landscape perspective in spatial planning the case of Ireland[J]. Landscape Research, 2016, 42(2):146—163.

Li J, Li J J, Xie X, et al. Game consumption and the 2019 novel coronavirus[J]. The Lancet Infectious Diseases, 2020, 20(3):275—276.

Little J, Jones O. Rural challenge(s): partnership and new rural governance [J]. Journal of Rural Studies, 2000, 16:171—183.

Liu J, Dietz T, Carpenter S R, et al. Coupled human and natural systems[J]. AMBIO: A Journal of the Human Environment, 2007, 36(8):639—649.

Liu W, Yan Y, Wang D, et al. Integrate carbon dynamics models for assessing the impact of land use intervention on carbon sequestration ecosystem service[J]. Ecological Indicators, 2018, 91:268—277.

Liu Y, Li Y. Revitalize the world's countryside [J]. Nature, 2017, 548: 275—277.

Liu Z, Xiu C, Song W. Landscape-based assessment of urban resilience and its evolution: A case study of the central city of Shenyang[J]. Sustainability, 2019, 11:2964.

Liu Z, Xiu C, Ye C. Improving urban resilience through green infrastructure: An integrated approach for connectivity conservation in the central city of Shenyang, China[J]. Complexity, 2020, 1653493.

Liu X M, Xu J M, Zhang M K, et al. Application of geo-statistics and GIS technique to characterize spatial variabilities of bioavailable micronutrients in paddy soils [J]. Environmental Geology, 2004, 46:189—194.

Locatelli B. Ecosystem Services and Climate Change[M]. Routledge Handbook of Ecosystem Services. 2016.

Looy K V, Piffady J, Cavillon C, et al. Integrated modelling of functional and structural connectivity of river corridors for European otter recovery[J]. Ecological Modelling, 2014, 273(2):228—235.

Lovell S T, Taylor J R. Supplying urban ecosystem services through multifunctional green infrastructure in the United States[J]. Landscape Ecology, 2013, 28 (8):1447—1463.

Lu L L, Guo H D, Christina C, et al. Urban sprawl in provincial capital cities in China: evidence from multi-temporal urban land products using Landsat data[J]. Science Bulletin, 2019, 64:955—957.

Lu P, Stead D. Understanding the notion of resilience in spatial planning: A case study of Rotterdam, The Netherlands[J]. Cities, 2013, 35:200—212.

Maciejewski K, De Vos A, Cumming G S, et al. Crosss scale feedbacks and scale mismatches as influences on cultural services and the resilience of protected areas[J]. Ecological Applications, 2015, 25(1):11—23.

Madureira H, Andresen T. Planning for multifunctional urban green infrastructures: Promises and challenges[J]. Urban Design International, 2014, 19(1): 38—49.

Maes J, Barbosa A, Baranzelli C, et al. More green infrastructure is required to maintain ecosystem services under current trends in land-use change in Europe[J]. Landscape Ecology, 2015, 30(3):517—534.

Maes J, Egoh B, Willemen L, et al. Mapping ecosystem services for policy support and decision making in the European Union[J]. Ecosystem Services, 2012, 1(1):31—39.

Mahtta R, Fragkias M, Güneralp B, et al. Urban land expansion: the role of population and economic growth for 300 + cities[J]. Npj Urban Sustainability, 2022, 2(1):5.

Manes F, Marando F, Capotorti G, et al. Regulating Ecosystem Services of forests in ten Italian Metropolitan Cities: Air quality improvement by PM10 and O3 removal[J]. Ecological Indicators, 2016, 67:425—440.

Marcus L, Colding J. Toward an integrated theory of spatial morphology and resilient urban systems[J]. Ecology and Society, 2014, 19(4):55.

Masnavi M R, Gharai F, Hajibandeh M. Exploring urban resilience thinking for its application in urban planning: a review of literature[J]. International Journal of Environmental Science & Technology, 2018, 16:567—582.

Matyas D, Pelling M. Positioning resilience for 2015: the role of resistance, incremental adjustment and transformation in disaster risk management policy[J]. Disasters, 2015, 39(s1).

McGranahan G, Marcotullio P, Bai X, et al. Urban Systems. In: Hassan, R.,

Scholes, R., Ash, N. (Eds.), Ecosystems and Human Well-being: Current State and Trends. Oxford University Press, Oxford, 2005:795—825.

Mclaughlin P, Dietz T. Structure, agency and environment: Toward an integrated perspective on vulnerability[J]. Global Environmental Change, 2008, 18(1): 99—111.

McPhearson T, Andersson E, Elmqvist T, et al. Resilience of and through urban ecosystem services[J]. Ecosystem Services, 2015, 12:152—156.

McPhearson, T., Hamstead, Z.A., Kremer, P. Urban ecosystem services for resilience planning and management in New York City[J]. AMBIO, 2014, 43: 502—515.

Mcrae B H, Dickson B G, Keitt T H, et al. Using circuit theory to model connectivity in ecology, Evolution, and Conservation[J]. Ecology, 2008, 89 (10): 2712—2724.

Mcrae B H, Hall S A, Beier P, et al. Where to restore ecological connectivity? Detecting barriers and quantifying restoration benefits [J]. PLoS ONE, 2012, 7(12):e52604.

Meerow S, Newell J P. Resilience and Complexity: A Bibliometric Review and Prospects for Industrial Ecology[J]. Journal of Industrial Ecology, 2015, 19(2): 236—251.

Meerow S, Newell J P. Urban resilience for whom, what, when, where, and why? [J]. Urban Geography, 2016:1—21.

Meerow S, Newell J P, Stults M. Defining urban resilience: A review[J]. Landscape & Urban Planning, 2016, 147:38—49.

Meerow S, Stults M. Comparing Conceptualizations of Urban Climate Resilience in Theory and Practice[J]. Sustainability, 2016, 8:701—716.

Mehmood, A. Of resilient places: planning for urban resilience[J]. European Planning Studies, 2016, 24:407—419.

Mehryar S, Sasson I, Surminski S. Supporting urban adaptation to climate change: What role can resilience measurement tools play? [J]. Urban Climate, 2022, 41:101047.

Mielke J, Vermaßen H, Ellenbeck S. Ideals, practices, and future prospects of stakeholder involvement in sustainability science[J]. Proceedings of the National

Academy of Sciences, 2017, 114(50):E10648—E10657.

Milman A, Short A. Incorporating resilience into sustainability indicators: An example for the urban water sector[J]. Global Environment Change, 2008, 18: 758—767.

Moench M. Experiences applying the climate resilience framework: linking theory with practice[J]. Development in Practice, 2014, 24:447—464.

Morrison K, Fitzgibbon J E. Adaptive governance of dynamic social-ecological systems: The case of the Ontario environmental farm plan(1992—2011)[J]. Journal of Sustainable Agriculture, 2014, 38(4):378—409.

Muller, M. Adapting to climate change: Water management for urban resilience[J]. Environment and Urbanization, 2007, 19:99—113.

Murdoch J, Abram S. Defining the limits of community governance[J]. Journal of Rural Studies, 1998, 14:41—50.

Nadja K, Niki F, Stephan P, et al. Nature-based solutions to climate change mitigation and adaptation in urban areas: perspectives on indicators, knowledge gaps, barriers, and opportunities for action[J]. Ecology and Society, 2016, 21(2):39.

Nathan A J, Zhang B. "A shared future for mankind": Rhetoric and reality in Chinese foreign policy under Xi Jinping[J]. Journal of Contemporary China, 2022, 31(133):57—71.

Nansen C. Use of variogram parameters in analysis of hyperspectral imaging data acquired from dual-stressed crop leaves[J]. Remote Sensing, 2012, 4: 180—193.

Newman P D, Beatley T, Boyer H. Resilient Cities: Responding to Peak Oil and Climate Change[J]. Australian Planner, 2009, 46(1):59.

Norton B A, Couttsb A M, Livesleya J L, et al. Planning for cooler cities: A framework to prioritise green infrastructure to mitigate high temperatures in urban landscapes[J]. Landscape and Urban Planning, 2015, 134:127—138.

Nunes D M, Tomé A, Pinheiro M D. Urban-centric resilience in search of theoretical stabilisation? A phased thematic and conceptual review[J]. Journal of Environmental Management, 2019, 230:282—292.

Nyström M, Graham N A J, Lokrantz J, et al. Capturing the cornerstones of coral reef resilience: linking theory to practice[J]. Coral Reefs, 2008, 27:795—809.

Olazabal M, Chelleri L, Sharifi A. Is connectivity a desirable property in urban resilience assessments? [M]. In: Resilience-Oriented Urban Planning, Yamagata, Y, Sharifi, A; Springer, Cham: Switzerland, 2018; Volume 65, pp.197—211.

Omer M, Nilchiani R, Mostashari A. Measuring the resilience of the trans-oceanic telecommunication cable system[J]. IEEE Systems Journal, 2009, 3(3): 295—303.

Ostrom E. A general framework for analyzing sustainability of social-ecological systems[J]. Science, 2009, 325(5939):419—422.

Parizi S M, Taleai M, Sharifi A. Integrated methods to determine urban physical resilience characteristics and their interactions[J]. Nature Hazards, 2021.

Pelling M, Manuel-Navarrete D. From resilience to transformation: the adaptive cycle in two mexican urban centers[J]. Ecology and Society, 2011, 16(2).

Peters D P C, Pielke R A, Bestelmeyer B T, et al. Cross-Scale Interactions, Nonlinearities, and Forecasting Catastrophic Events[J]. Proceedings of the National Academy of Sciences, 2004, 101(42):15130—15135.

Pickett S T A, Cadenasso M L, Grove J M. Resilient cities: meaning, models, and metaphor for integrating the ecological, socio-economic, and planning realms [J]. Landscape and Urban Planning, 2004, 69(4):369—384.

Pickett S T A, Boone C G, Mcgrath B P, et al. Ecological science and transformation to the sustainable city[J]. Cities, 2013, 32(3):S10—S20.

Pike A, Dawley S, Tomaney J. Resilience, adaptation and adaptability[J]. Cambridge Journal of Economics, 2010, 3:59—70.

Pistocchi A, Zulian G, Vizcaino P, et al. Multimedia Assessment of Pollutant Pathways in the Environment, European Scale Model (MAPPE-EUROPE) [M]. EUR 24256 EN. Luxembourg(Luxembourg): Publications Office of the European Union, 2010.

Pizzo B. Problematizing resilience: Implications for planning theory and practice [J]. Cities, 2015, 43:133—140.

Porter L, Davoudi S. The politics of resilience for planning: A cautionary note [J]. Planning Theory and Practice, 2012, 13:329—333.

Portugali J. Learning from paradoxes about prediction and planning in self-organizing cities[J]. Planning Theory, 2008, 7(3):248—262.

Prudencio L, Null S. Stormwater management and ecosystem services: a review [J]. Environmental Research Letters, 2018, 13:1—13.

Quigley M, Blair N, Davison K. Articulating a social-ecological resilience agenda for urban design[J]. Journal of Urban Design, 2018, 23:581—602.

Quinlan A E, Berbés-Blázquez M, Haider L J, et al. Measuring and assessing resilience: broadening understanding through multiple disciplinary perspectives[J]. Journal of Applied Ecology, 2016, 53:677—687.

Radford K G, James P, Kronenberg J, et al. Changes in the value of ecosystem services along a rural-urban gradient: a case study of Greater Manchester, UK[J]. Landscape & Urban Planning, 2013, 109(1):117—127.

Ramos-González O M. The green areas of San Juan, Puerto Rico[J]. Ecology and Society, 2014, 19(3):21.

Rao F, Summers R J. Planning for retail resilience: Comparing Edmonton and Portland[J]. Cities, 2016, 58:97—106.

Ravazzoli E, Hoffmann C. Fostering rural urban relationships to enhance more resilient and just communities[M]. In: W. Leal et al. editors. Sustainable Cities and Communities, Encyclopedia of the UN Sustainable Development Goals. Switzerland: Springer Nature, 2020.

Raymond C M, Frantzeskaki N, Kabisch N, et al. A framework for assessing and implementing the co-benefits of nature-based solutions in urban areas[J]. Environmental Science & Policy, 2017, 77:15—24.

Rees W E. Thinking "Resilience", in: Heinberg, R. and Lerch, D. (eds.) The Post Carbon Reader: Managing the 21st Century's Sustainability Crise[M]. California: Watershed Media in collaboration with Post Carbon Institute, 2010.

Reis C, Lopes A. Evaluating the Cooling Potential of Urban Green Spaces to Tackle Urban Climate Change in Lisbon[J]. Sustainability, 2019, 11:2480.

Klein R J T, Nicholls R J, Thomalla F. Resilience to natural hazards: How useful is this concept? [J]. Global Environmental Change Part B Environmental Hazards, 2003, 5(1):35—45.

Rinaldi S M. Modeling and simulating critical infrastructures and their interdependencies[C]// System Sciences, 2004. Proceedings of the 37th Annual Hawaii

International Conference on IEEE, 2004:8.

Roberts D, Douwes J, Sutherland C, et al. Durban's 100 resilient cities journey: Governing resilience from within[J]. Environment and Urbanization, 2020, 32(2):547—568.

Romero-Lankao P, Gnatz D M, Wilhelmi O, et al. Urban sustainability and resilience: From theory to practice[J]. Sustainability, 2016, 8:1224—1246.

Romero-Lankao P, Gnatz D M. Exploring urban transformations in Latin America[J]. Current Opinion in Environmental Sustainability, 2013, 5(3—4): 358—367.

Romero-Lankao P, Gnatz D M, Wilhelmi O, et al. Urban sustainability and resilience: From theory to practice[J]. Sustainability, 2016, 8:1224—1246.

Roostaiea S, Nawaria N, Kibertb C J. Sustainability and resilience: A review of definitions, relationships, and their integration into a combined building assessment framework[J]. Building and Environment, 2019, 154:132—144.

Rydin Y. Governing for Sustainable Urban Development[M]. London: Earthscan, 2010.

Salat S. A systemic approach of urban resilience: Power laws and urban growth patterns[J]. International Journal of Urban Sustainable Development, 2017:1—29.

Salingaros, N.A. Complexity and urban coherence[J]. Journal of Urban Design 2000, 5:291—316.

Sassen S. Cities in a World Economy[M]. Sage Publications, 2011.

Satterthwaite D. The political underpinnings of cities' accumulated resilience to climate change[J]. Environment and Urbanization, 2013, 25(2):381—391.

Sattler C, Schroter B, Meyer A, et al. Multilevel governance in community-based environmental management: A case study comparison from Latin America[J]. Ecology and Society. 2016, 21:4.

Saura S, Torné J. 2012. Conefor 2.6 user manual(May 2012). Universidad Politécnica de Madrid. Available at http://www.conefor.org/.

Schön L. A Modern Swedish Economic History: Growth and Transformation in Two Centuries[M]. Stockholm, Sweden, 2000.

Scheffer M, Bascompte J, Brock W A, et al. Early-warning signals for critical transitions[J]. Nature, 2009, 461(7260):53.

Scheffer M, Carpenter S, Foley J A, et al. Catastrophic shifts in ecosystems [J]. Nature, 2001, 413(6856):591—596.

Schewenius M, Mcphearson T, Elmqvist T. Opportunities for increasing resilience and sustainability of urban social-ecological systems: Insights from the urbes and the cities and biodiversity outlook projects[J]. AMBIO 2014, 43:434—444.

Schulze P. Engineering Within Ecological Constraints[M]. Washington DC: National Academy Press, 1996:31—44.

Seitzinger S P, Svedin U, Crumley C L, et al. Planetary stewardship in an urbanizing world: Beyond city limits[J]. AMBIO, 2012, 41(8):787—794.

Serafy S E. Pricing the invaluable: the value of the world's ecosystem services and natural capital[J]. Ecological Economics, 1998, 25(1):25—27.

Sharifi A.Resilient urban forms: A macro-scale analysis[J]. Cities, 2019, 85: 1—14.

Sharifi A, Chelleri L, Fox-Lent C, et al. Conceptualizing Dimensions and Characteristics of Urban Resilience: Insights from a Co-Design Process[J]. Sustainability, 2017, 9:1032—1051.

Sharifi A, Yamagata Y. Major principles and criteria for development of an urban resilience assessment index [C]. International Conference and Utility Exhibition on Green Energy for Sustainable Development, Pattaya, Thailand, 19—21 March 2014.

Sharifi A, Yamagata Y. On the suitability of assessment tools for guiding communities towards disaster resilience [J]. International Journal of Disaster Risk Reduction, 2016, 18:115—124.

Sharifi A, Yamagata Y. Principles and criteria for assessing urban energy resilience: A literature review[J]. Renewable and Sustainable Energy Reviews, 2016, 60:1654—1677.

Sharifi A, Yamagata Y. Urban resilience assessment: Multiple dimensions, criteria, and indicators[M]. Urban Resilience, Y. Yamagata and H. Maruyama(eds.). Springer, Cham, 2016. 259—276.

Shi X, Qin M. Research on the optimization of regional green infrastructure network[J]. Sustainability, 2018, 10:4649.

Shirani Z, Partovi P, Behzadfar M. Spatial resilience in traditional Bazaars:

Case study: Esfahan Qeisariye Bazaar[J]. Bagh-e Nazar, 2017, 14(52):57—68.

Shokry G, Anguelovski I, Connolly J J T. (Mis-) belonging to the climate-resilient city: Making place in multi-risk communities of racialized urban America[J]. Journal of Urban Affairs, 2023:1—21.

Silva M, Pennino M, Lopes P. A social-ecological approach to estimate fisher resilience: A case study from Brazil[J]. Ecology and Society, 2020, 25(1):23.

Smit B, Wandel J. Adaptation, adaptive capacity and vulnerability[J]. Global Environmental Change, 2006, 16(3):282—292.

Soille P, Vogt P. Morphological segmentation of binary patterns[J]. Pattern Recognition Letters, 2009, 30(4):456—459.

Solomon S, Qin D, Manning M, et al. Climate change 2007: Synthesis Report. Contribution of Working Group I, II and III to the Fourth Assessment Report of the Intergovernmental Panel on Climate Change. Summary for Policymakers[M]//Contribution of Working Group I to the Fourth Assesment Report of the Intergovernmental Panel on Climate Change, Climate Change 2007: The Physical Science Basis. 2007:159—254.

Spaans M, Waterhout B. Building up resilience in cities worldwide—Rotterdam as participant in the 100 Resilient Cities Programme[J]. Cities, 2017, 61:109—116.

Staddon C, Ward S, De Vito L, et al. Contributions of green infrastructure to enhancing urban resilience[J]. Environment Systems and Decisions, 2018, 38(3): 330—338.

Stead D. Key research themes on governance and sustainable urban mobility[J]. International Journal of Sustainable Transportation, 2016, 10:40—48.

Steffen W, Richardson K, Rockström J, et al. Planetary boundaries: Guiding human development on a changing planet[J]. Science, 2015, 347(6223):1259855.

Stone B. The city and the coming climate: Climate change in the places we live. New York, NY: Cambridge University Press, 2012.

Su Y S. Rebuild, retreat, or resilience: Urban flood vulnerability analysis and simulation in Taipei[J]. International Journal of Disaster Resilience in the Built Environment, 2017, 8:110—123.

Sun X. Governance value, growth coalition, and models of community governance[J]. Chinese Political Science Review, 2019, (4):52—70.

Taylor L, Richter C. Big data and urban governance[M]. In: J. Gupta et al., editors. Geographies of Urban Governance. Switzerland: Springer International Publishing, 2015.

Teigão dos Santos F, Partidário M R. SPARK: Strategic planning approach for resilience keeping[J]. European Planning Studies, 2011, 19(8):1517—1536.

Tierney K, Bruneau M. Conceptualizing and measuring resilience: a key to disaster loss reduction[J]. TR News, 2007, (6):14—17.

Todini E. Looped water distribution networks design using a resilience index based heuristic approach[J]. Urban Water, 2000, 2(2):115—122.

Turner B L, Matson P A, Mccarthy J J, et al. Illustrating the coupled human-environment system for vulnerability analysis: three case studies[J]. Proceedings of the National Academy of Sciences of the United States of America, 2003, 100(14): 8080—8085.

Tyler S, Moench M. A framework for urban climate resilience[J]. Climate and Development, 2012, 4:311—326.

Tzoulas K, Korpela K, Venn S, et al. Promoting ecosystem and human health in urban areas using Green Infrastructure: A literature review[J]. Landscape and Urban Planning, 2007, 81(3):167—178.

UN(United Nations). The world cities in 2016-Data booklet(ST/ESA/SER.A/ 392). New York, USA: UN Department of Economic and Social Affairs, Population Division. 2016.

United Nations, Department of Economic and Social Affairs, Population Division. World Urbanization Prospects: The 2018 Revision[M]. New York: United Nations, 2019.

United Nations. General Assembly Resolution A/RES/70/1[N]. Transforming Our World, the 2030 Agenda for Sustainable Development, 2015.

Vale L J. The politics of resilient cities: Whose resilience and whose city? [J]. Building Research and Information, 2014, 42(2):191—201.

Vogt P, Riitters K, 2017. Guidos Toolbox: Universal digital image object analysis[J]. European Journal of Remote Sensing 50:1, 352—361.

Wagenaar H, Wilkinson C. Enacting resilience: A performative account of governing for urban resilience[J]. Urban Studies, 2015, 52(7):1265—1284.

Walker B, Hollin C S, Carpenter S R, et al. Resilience, adaptability and trans-formability in social-ecological systems[J]. Ecology & Society, 2004, 9(2):5.

Walker B, Abel N, Anderies J, Ryan P. Resilience, adaptability, and trans-formability in the Goulburn-Broken Catchment, Australia[J]. Ecology and Society, 2009, 14(1):1698—1707.

Walker B, Barrett S, Polasky S, et al. Environment. Looming global-scale fail-ures and missing institutions[J]. Science, 2009, 325:1345—1346.

Walker B, Holling C S, Carpenter S R, Kinzig A. Resilience, adaptability and transformability in social-ecological system[J]. Ecology and Society, 2004, 9(2): 5—13.

Walker B, Salt D. Resilience Thinking: Sustaining Ecosystems and People in a cChanging World[M]. Washington, DC: Island Press, 2006.

Wang C, Yang Q, Jupp D L B, et al. Modeling change of topographic spatial structures with DEM resolution using semi-variogram analysis and filter bank[J]. International Journal of Geo-Information, 2016, 5:107—127.

Wang J, Banzhaf E. Towards a better understanding of Green Infrastructure: A critical review[J]. Ecological Indicators. 2018, 2(85):758—772.

Wardekker J A, Jong A D, Knoop J M, et al. Operationalizing a resilience approach to adapting an urban delta to uncertain climate changes[J]. Technological Forecasting and Social Change, 2010, 77(6):987—998.

Weichselgartner J, Kelman I. Geographies of resilience: Challenges and oppor-tunities of a descriptive concept[J]. Progress in Human Geography, 2015, 39(3): 249—267.

Welsh M. Resilience and responsibility: Governing uncertainty in a complex world[J]. The Geographical Journal, 2014, 180(1):15—26.

Wickham J D, Riitters K H, Wade T G, et al. A national assessment of green infrastructure and change for the conterminous United States using morphological image processing[J]. Landscape and Urban Planning, 2010, 94:186—195.

Wigginton N S, Fahrenkamp-Uppenbrink J, Wible B, et al. Cities are the future[J]. Science, 2016, 352:904—905.

Wildavsky A B. Searching for Safety[M]. Transaction Publishers, 1988.

Wilkinson C, Porter L, Colding J. Metropolitan planning and resilience thinking—A practitioner's perspective[J]. Critical Planning, 2010, 17:25—44.

Wilkinson, C. Social-ecological resilience: Insights and issues for planning theory[J]. Planning Theory, 2012, 11:148—169.

Willcock S, Hooftman D, Sitas N, et al. Do ecosystem service maps and models meet stakeholders' needs? A preliminary survey across sub-Saharan Africa[J]. Ecosystem Services, 2016, 18:110—117.

Wood S, Dovey K. Creative multiplicities: Urban morphologies of creative clustering[J]. Journal of Urban Design, 2014, 20:52—74.

World Health Organization. Burden of disease from Ambient Air Pollution for 2012, 2014. https://www.who.int/phe/health_topics/outdoorair/databases/en/.

Wu J. Landscape sustainability science: Ecosystem services and human well-being in changing landscapes[J]. Landscape ecology, 2013, 28(6):999—1023.

Wu X, Qi X, Yang S, et al. Research on the intergenerational transmission of poverty in rural China based on sustainable livelihood analysis framework: A case study of six poverty-stricken counties[J]. Sustainability, 2019, 11(8):2341.

Wu J. Urban ecology and sustainability: the state-of-the-science and future directions[J]. Landscape and Urban Planning 2014, 125:209—221.

Wu J, Jelinski D E, Luck M, Tueller P T. Multiscale analysis of landscape heterogeneity: Scale variance and pattern metrics [J]. Geographic Information Sciences, 2000, 6:6—19.

Xiao L, Li X, Wang R. Integrating climate change adaptation and mitigation into sustainable development planning for Lijiang city[J]. International Journal of Sustainable Development & World Ecology, 2011, 18(6):515—522.

Xie N, Zou L, Ye L. The effect of meteorological conditions and air pollution on the occurrence of type A and B acute aortic dissections[J]. International Journal of Biometeorology, 2018, 62:1607—1613.

Xue X, Wang L, Yang R J. Exploring the science of resilience: Critical review and bibliometric analysis[J]. Nature Hazards, 2018, 90:477—510.

Yamagata Y, Sharifi A. Resilience-oriented Urban Planning[M]. Cham, Switzerland: Springer, 2018.

Ye C, Liu Z. Rural-urban co-governance: Multi-scale practice[J]. Science Bulletin, 2020, 65(10):778—780.

Ye C, Ma X Y, Cai Y L, et al. The countryside under multiple high-tension lines: a perspective on the rural reconstruction of Heping Village, Shanghai[J]. Journal of Rural Studies, 2018, 62:53—61.

Zölch T, Henze L, Keilholz P, et al. Regulating urban surface runoff through nature-based solutions—an assessment at the micro-scale [J]. Environmental research, 2017, 157:135—144.

Zölch T, Maderspacher J, Wamsler C, et al. Using green infrastructure for urban climate-proofing: An evaluation of heat mitigation measures at the micro-scale [J]. Urban Forestry and Urban Greening, 2016, 20:305—316.

Zaidi R Z, Pelling M. Institutionally configured risk: Assessing urban resilience and disaster risk reduction to heat wave risk in London[J]. Urban Studies, 2015, 52:1218—1233.

Zhai G, Li S, Chen J. Reducing urban disaster risk by improving resilience in China from a planning perspective[J]. Human and Ecological Risk Assessment: An International Journal, 2015, 21:1206—1217.

Zhang P, Cui Q M, Hou Y Z, et al. Opportunities and challenges of wireless networks in the era of mobile big data[J]. Chinese Science Bulletin, 2015, 60: 433—438.

Zhang Y, Zhou D, Li Z, Qi L. Spatial and temporal dynamics of social-ecological resilience in Nepal from 2000 to 2015[J]. Physics and Chemistry of the Earth, 2020, 120:102894.

Zhu Q, Yu K J, Li D H. The width of ecological corridor in landscape planning [J]. Acta Ecologica Sinica. 2005, 25(9):2406—2412.

图书在版编目(CIP)数据

城市韧性的理论与实证研究/刘志敏著.—上海：
上海人民出版社,2023
(上海社会科学院重要学术成果丛书.专著)
ISBN 978 - 7 - 208 - 18370 - 4

Ⅰ.①城…　Ⅱ.①刘…　Ⅲ.①城市规划-研究
Ⅳ.①TU984

中国国家版本馆 CIP 数据核字(2023)第 118638 号

责任编辑　王　琪
封面设计　路　静

上海社会科学院重要学术成果丛书·专著

城市韧性的理论与实证研究
刘志敏　著

出　　版　上海人民出版社
　　　　　(201101　上海市闵行区号景路 159 弄 C 座)
发　　行　上海人民出版社发行中心
印　　刷　苏州市古得堡数码印刷有限公司
开　　本　720×1000　1/16
印　　张　16.25
插　　页　2
字　　数　208,000
版　　次　2023 年 8 月第 1 版
印　　次　2023 年 8 月第 1 次印刷
ISBN 978 - 7 - 208 - 18370 - 4/C·688
定　　价　78.00 元